Altruism

利他主义

尼尔·斯科特(Niall Scott) 著
乔纳森·赛格罗(Jonathan Seglow)

孙一平 译

中央编译出版社
Central Compilation & Translation Press

著作权合同登记号：图字 01-2022-6500

图书在版编目（CIP）数据

利他主义／（英）乔纳森·赛格罗（Jonathan Seglow），（英）尼尔·斯科特（Niall Scott）著；孙一平译. -- 北京：中央编译出版社，2022.10（2023.9重印）
ISBN 978-7-5117-4235-3

Ⅰ. ①利… Ⅱ. ①乔… ②尼… ③孙… Ⅲ. ①利他主义 Ⅳ. ①B822.2

中国版本图书馆 CIP 数据核字（2022）第 141777 号

Niall Scott and Jonathan Seglow
Altruism
ISBN-13: 978 0 335 22249 0 (pb) 978 0 335 22250 6 (hb)
Copyright © by McGraw-Hill Education.

All Rights reserved. No part of this publication may be reproduced or transmitted in any form or by any means, electronic or mechanical, including without limitation photocopying, recording, taping, or any database, information or retrieval system, without the prior written permission of the publisher.

This authorized Chinese translation edition is published by Central Compilation & Translation Press in arrangement with McGraw-Hill Education (Singapore) Pte. Ltd. This edition is authorized for sale in the People's Republic of China only, excluding Hong Kong, Macao SAR and Taiwan.

Translation Copyright © Altruism by McGraw-Hill Education (Singapre) Pte. Ltd and Central Compilation & Translation Press.

版权所有。未经出版人事先书面许可，对本出版物的任何部分不得以任何方式或途径复制传播，包括但不限于复印、录制、录音，或通过任何数据库、信息或可检索的系统。

本授权中文简体字翻译版由麦格劳–希尔教育出版公司和中央编译出版社合作出版。此版本经授权仅限在中华人民共和国境内（不包括香港特别行政区、澳门特别行政区和台湾）销售。

翻译版权 © 由麦格劳–希尔教育出版公司与中央编译出版社所有。

本书封面贴有 McGraw-Hill Education 公司防伪标签，无标签者不得销售。

利他主义

责任编辑	杜永明
责任印制	刘　慧
出版发行	中央编译出版社
地　　址	北京市海淀区北四环西路 69 号（100080）
电　　话	（010）55627391（总编室）　（010）55627313（编辑室） （010）55627320（发行部）　（010）55627377（新技术部）
经　　销	全国新华书店
印　　刷	佳兴达印刷（天津）有限公司
开　　本	880 毫米×1230 毫米　1/32
字　　数	128 千字
印　　张	8.25
版　　次	2022 年 10 月第 1 版
印　　次	2023 年 9 月第 3 次印刷
定　　价	58.00 元

新浪微博：@中央编译出版社　　微　信：中央编译出版社（ID: cctphome）
淘宝店铺：中央编译出版社直销店（http://shop108367160.taobao.com）
　　　　　（010）55627331

本社常年法律顾问：北京市吴栾赵阎律师事务所律师　闫军　梁勤
凡有印装质量问题，本社负责调换，电话：（010）55626985

该书已列入"中共北京市委党校 北京行政学院学术文库系列丛书"

该书是国家社科基金项目"我国转型期实现社会公正的政策路径研究"(17CZZ040)阶段性成果

目 录

第一章　利他主义：发展史概要 ………………… 1
亚里士多德学派和宗教的利他主义 ……………… 8
托马斯·霍布斯：自利与对它的批判 …………… 14
经验主义传统和早期进化论思想…………………… 21
奥古斯特·孔德（Auguste Comte） …………… 26
从尼采到一些现代的利他主义观点 ……………… 32

第二章　利他主义、动机和道德 ………………… 36
作为动机的理性 …………………………………… 37
被感情激发的利他主义 …………………………… 45
康德和布鲁姆的一些问题 ………………………… 50

分外之事 …………………………………… 53

互惠 ……………………………………… 56

偏私和无偏私 …………………………… 60

第三章　利他主义与进化论 …………… 67

生物社会学 ……………………………… 75

亲属利他主义 …………………………… 77

互惠的利他主义 ………………………… 83

绿胡须利他主义 ………………………… 91

进化利他主义和道德利他主义之间的桥梁 …… 95

第四章　利他主义的人格 ………………… 104

对利他主义的心理学解释 ……………… 104

紧急情况和旁观者效应 ………………… 109

作为移情的利他主义 …………………… 115

通过认知框架解释利他主义 …………… 119

善良的撒玛利亚族裔、朋友和陌生人 …… 126

在纳粹欧洲的犹太人救助者 …………… 130

人类共同体 ……………………………… 139

第五章 利他主义、赠予和福利 ………… 151

 利他主义与经济学家 ………… 153

 互惠、互换与《礼物》 ………… 159

 慈善、赠予和正义 ………… 163

 礼物关系 ………… 174

 利他主义，福利和责任 ………… 188

第六章 利他主义：人类未来的基础 ………… 193

参考书目 ………… 231

第一章

利他主义：发展史概要

几乎每个人都想成为一名利他主义者，但是我们中的大多数人都会为一个事实而悲叹，那就是我们利他的行为不会超过我们自身的限度。非利他主义者强烈要求向我们中的其他人证明他们的行为是正当的，甚至他们也许在这个过程中表现出了一点利他主义。世界上那些厚颜无耻地歌颂自己自私行为的人是非常少的。在这本很薄的书中，我们将研究利他主义到底为何物，竟能让如此多的人争相效仿。利他主义是道德层面上最好的东西吗？就像我们将要见到的，它并不总是这样。

2

利他主义是一个很简单的观念。相比之下，许多哲学和社会科学的概念则是非常复杂的。在一些情况下，它们只是伴随着特殊的社会和经济组织形式而产生，而且也只能在这些背景下被理解（想一想社会主义、公民身份或者国家）。这些思想的追随者与其他学者围绕着如何将基本概念进行最好的表述而展开激烈的争论，并且围绕相同的名词，比如民主、社会正义或多元文化，构建了互相竞争的理论。另外一些概念虽然并不复杂，但反对者却认为它们本身没有任何的价值或效用，比如后现代主义、福利或民族主义。利他主义不同于这些情况，它被几乎每个人所重视，并且它的核心含义被人普遍认同。利他主义，在最宽泛的意义上，是指促进他人的利益，这至少是利他主义思想中最原始的含义。"利他主义（altruisme）"这个法语名词被奥古斯特·孔德（Auguste Comte）在《实证政治体系》[（1851）1969－70] 一书中被创造出来：它将拉丁文"alter"和"ui"相结合，按字母的意思是"给其他人"。英语"Altruism（利他主义）"一词最早是由乔治·H. 刘易斯（George H. Lewes），一位孔德著作的普及者，于1853年将其介绍到英国的（Brosnahan 1907）。正像孔德所分析的

（见下文），利他主义因此是一个道德的概念，这看起来确实是它的首要用法。

尽管利他主义是一个基本的道德观念，它仍然涉及一些对与错的棘手的问题。比如，考虑一下有种族主义倾向的器官捐献者，他们有意愿捐献自己的器官，但只是捐给自己同一种族的人，而毫不顾及其他人可能存在的（这方面）需要。他们是利他主义者，但很难说是有道德的。而且，责备一个人的种族主义固然容易，但我们还可以看到，在美国社会里，接受公民慈善捐赠的那一大群受益人，按国际标准，仍是非常富有的。这种利他主义可能不是种族主义的，但它仍然可以被证明是违反了公平的道德理想。更进一步的问题则源于与我们日常理解的利他主义密切相关的自我牺牲的因素。思考一下那些从燃烧着的大楼中救出孩子的英雄们，或者在纳粹欧洲时期的犹太人救助者（在第四章我们将思考这一重要的生活实例），这样的人是否有义务去面临这些危险？如果他们没有，那么他们应该显示出这样的英雄主义吗？如果他们有这样的义务，那么是否利他主义有时要求我们太多？如果我们相信有时有必要为别人牺牲一些自己的利益，那么我们就需要知道牺牲多少才是合理的。

4

利他主义是一个普遍的现象，它是把他人的利益看作是自己的利益，它通常用黄金法则（存在于宗教和道德的传统中，就像我们即将看到的）来界定，即："你希望别人怎样对待你，你就怎样对待别人。"这个黄金法则似乎把利他主义等同于道德，但是我们仍不清楚黄金法则要求的行为是否总是道德的。霍布斯赞同黄金法则，但他是从人性自利的角度来解释的：一个人首先考虑的是他想要如何被对待，然后他就会在这个基础上对待别人。那么，对被虐狂又如何理解呢？再比如，宗教狂热者，或者是那些有古怪偏好、热衷于利他、喜欢"无私地"与他人分享一切的人。我们不厌其烦地最后强调一遍，利他主义是一个基本而简单的观念，但（恐怕正是这个原因）它的含义和它与道德的关系远不是那么简单。分析利他主义，可能有点像去拆开一件羊毛衫，看它是由什么组成的。可留给我们的是所有的线，而不再是羊毛衫。在这本书里，我们就要做一个拆开的工作，并在某种程度上试着去保存它的原貌。

我们将从不同的学科视角来思考利他主义，因为正是在利他主义的道德意义与那些学术观点间存在交汇的地方，包含着关于利他主义的最有趣的问题。为了研究利他主义，除伦理学外，我们还要探究进化生物学、心理学、人类学、经济学和政治学的成果。所有这些学科增加了我们对于利他主义本质的理解，虽然它们中的一些，如进化生物学和经济学，对利他主义是否真实存在表示怀疑。在本章的余下部分里，我们将从道德思想的角度审视利他主义的历史。虽然利他主义这个名词是在19世纪产生的，但这个概念却源远流长。从历史的角度来探究利他主义的含义，会发现思想家们对利他主义和利己主义的相对价值，以及利他主义与道德之间的关系，运用多样的方法作出了不同的解释。关于利他主义与道德的关系，一个重要问题是当人们按照利他主义的和道德的方式行动时，我们应该相信，他们主要是出于理性的动机还是情感的动机？这是在利他主义者之间争论很激烈的一个问题，我们将在第二章深入分析。就像我们将要看到的，一个人是否觉得是他人的需要提供了行动的原因，或者这些需要通过更感性的方式触动我们，这也影响着其对于互惠（reciprocity）（一个与利他主义关系紧密的概念）和公平的观点，这个观点就是每个人的利益都被视为是一样的——我们也会在后文深入思考这些问题。

在第三章，我们将考察人类在进化的斗争中是否仍能遵从利他主义。乍一看，在利他主义涉及的关注他人的观念与进化论强加于我们的适者生存的观念之间存在着矛盾。持各种各样观点的进化论者利用并发展了精致化的模型，并以此来解释人类和其他物种在做事时把他人放在第一位的大量丰富的证据。这些模型对人有提示作用，特别是当他们试图解释道德的进化学和人类学起源的时候。但是，最终我们拒绝了这种进化论的方法，因为它忽视了人类利他主义最具特色的特征：个人帮助他人的动机。

接下来将思考一个以动机为研究核心的学科：社会心理学。大多数心理学家对人类行为的自利根源有相似的假设，但心理学中一些更为有趣的工作是研究导致利他动机产生的各种人格（或品质）与环境（或状态）。研究表明，人们喜欢帮助那些与自己相似的人。但在紧急情况下，特别是当不确定谁应当伸出援助之手的时候，个人就会千方百计地避免帮助陌生人。尽管如此，我们仍然可以研究利他主义者中最激励人心的一群人——纳粹欧洲时期犹太人的救助者。我们可以思考是否能用社会化和家庭背景来解释他们对巨大危险的承受，或者是否像克里斯坦·门罗

（Kristen Monroe）在其重要著作《利他主义的核心》(*The Heart of Altruism*)（1996）一书中表现的那样，在人类社会生活中，存在着一种只有利他主义者才拥有的一种独特的观念。

第五章从思考经济学对利他主义研究的贡献开始。很多经济学家都假定了自利是人的基本属性，虽然这并没有妨碍他们去解释为什么我们也表现出利他主义。然而，我们认为，相对于社会行为的现实，这更显示出大多数经济学家运用的占统治地位的个人行为的理性选择模型的理论缺陷。在重新思考互惠和交易的观念之后（不仅对经济学家，而且对早期的人类学家，比如马林诺夫斯基、毛斯而言，这些观念与利他主义都有很紧密的关系），这一章会研究在理查德·蒂特姆斯（Richard Titmuss）的社会政策经典著作《礼物关系：从人血到社会政策》[（1970）1997]（以下简称《礼物关系》）一书中发现的关于利他主义争论中的一些细节。蒂特姆斯的著作运用社会主义及社团主义理论为福利国家提供了强有力的辩护，这在今天仍是有意义的，尽管我们认为他对于自己著作的核心是给予还是交换存在着矛盾心理。这一章以分析是否国家是实现利他主义的途径还是正好相反、制度阻碍了人们形成关注他人的动机而结束。

在最后一章，我们将再一次探讨是否进化论的观点与纯正的道德利他主义是相吻合的，并要表明一个二者之间仍然存在的根本矛盾。另外，我们坚持认为，在当代社会生活中，很多小团体内部的利他主义在道德上是值得怀疑的，因为他们对自己的小团体内部的赠予与道德的公平要求是不相容的。我们探讨是否那些社团主义者的利他主义（一个对当今市场社会出现的自私自利的矫正方法）可以延伸到公民与陌生人，并且对这种延伸是否可能深表怀疑。我们想要说，利他主义和正义是两个不同的理念。本章以再一次探讨门罗的利他主义思想结束。我们认为，统一了理性与情感的利他主义观念是一个关于人类生活与道德的与众不同的观点，也是我们应该尽力去培养的一种思想。我们将提供一些关于如何使之实现的小范围的例子。可以这样认为，利他主义虽然在社会生活中有许多令人遗憾的局限，但它仍是人类未来生活的基本原则。

亚里士多德学派和宗教的利他主义

利他主义与道德有一段互相缠结的历史。亚里士多德,一位(与柏拉图一起)开启了许多道德问题的智者,当然对某些类似利他主义的概念有一定的思考。这出现在他对友谊的讨论中。亚里士多德认为,友谊包括利他主义的因素,因为朋友是真心希望对方过得好(Aristotle 1976:452)。亚里士多德所感兴趣的问题是,好人行善是为了他人的利益还是为了他们自己。这是一个关于人们道德行为的动机问题。当然,它也是关于我们行为的客体究竟是自己还是他人的问题。亚里士多德发现,人们通常都是既为了他们同伴的利益,也为了自己的利益。他进一步在《尼各马可伦理学》中指出,自私自利通常被看作是坏人的特征(Aristotle 1976:454)。但事情不是那么简单,因为在某种程度上,在一次动机是为了一个人同伴的利益的行为中,这个人的行为既为了同伴的利益,同时作为一种情感的延伸,也是为了自己。亚里士多德认为,在某种程度上,每个人都是他自己的朋友,这使得作为当今讨论的中心——自己与他人的区别,变得模糊(他并不关注我们对陌生人的义务,这本身超越了他的道德思想范畴)。

亚里士多德区分了两种自爱:一种是有道德的自爱;一种是与道德相反的自爱,比如纯粹的自我满足。对善的追求包括完善作为有道德个体的自身：为了使朋友获益而产生的利他行为（就像我们今天所说的那样），可以使得一个人提高自身的道德，成为一个更优秀的人。但是如果利他主义的核心存在一种对自身利益的关心，那么问题就会出现：那种纯粹为了他人利益的意愿是否能成为人行动的真实动机？根据亚里士多德所说："对于一个有良好品质的人，他可以牺牲金钱和荣誉为朋友和他的国家而做一些事，如果需要，甚至可以为他们而死。他会牺牲人们努力去争取的东西，以此追求一种道德上的善。"（Aristotle 1981：456）在这一段，亚里士多德告诉我们，道德（利他主义的）行为不仅仅是使一个人的朋友获益。我们后来将要看到，一个人做这些事情也可能是出于一时的兴致或者反复无常。但德行是一种理性的道德行为，这种行为除了让他人（朋友）受益之外，也是在追求"道德上的善"。前者的动机与后者的动机有何种联系，这是一个有趣的问题。

犹太教和基督教伦理传统的一部分，是对于促进他人利益的重视，这种促进他人利益的传统是用对邻居的爱来表达的。这对于两个宗教传统而言，都是道德行为的起始点。《利未记》中的戒律"爱邻如己"

作为一个反对复仇的命令被记录下来（Leviticus, ch. 19, v. 18），并且在戒律中扩展成不允许贪求邻居的财产或者作伪证来陷害邻居（Exodus, ch. 20, v. 16-7）。这些戒律就是一个人应该以何种方式对待他人、使他人获益的道德规范。但这也是关于个人希望如何被对待的自身感觉，这样他们就涉及互惠的思想（这一点我们后面还会谈到）。最后，这就成为我们众所周知的"黄金法则"。在犹太拉比的传统中，"黄金法则"一词直到18世纪才开始被考虑并使用，但它能在《犹太法典》（Talmud）中寻找到根源：

> 一个异教徒去见沙麦并对他说："如果你能在单腿站立的时间里传授我全部教律，我就皈依犹太教。"随即，沙麦用手中的棒拒绝了他。当这个异教徒去见希勒尔[①]的时候，希勒尔对他说："己所不欲，勿施于人：这就是全部教律；剩下的全部是注释；回去学吧。"
>
> (Talmud, Sabbath, 31a)

在马太福音和路加福音里，黄金法则被赋予了确

[①] 希勒尔，公元1世纪初的耶路撒冷犹太教圣经注释家。——译者注

定的术语，即："你希望别人怎样对待你，你就怎样对待别人。"（*Matthew*，*ch.* 7，*v.* 12；*Luke*，*ch.* 6，*v.* 31）。在福音里，耶稣在最后的晚餐时对他的门徒发表演说，劝诫他们："要像我爱你们一样去爱别人。没有比为了朋友而放弃自己的生命更伟大的爱。"（*John*，*ch.* 15，*v.* 12 – 3）这一句话在约翰福音第三章 16 节再次出现。就像亚里士多德的思想，爱的最终表达是通过自我牺牲的准备来实现的。

在犹太教与基督教所共有的传统里，利他主义的现象包含把使他人获益视为自己行动的目标。这不仅是与表达对他人的爱有关，而且这也是在表达对上帝的爱，所以"他人"也包括神。要注意到，黄金法则不是这个传统独有的东西，它也会在其他宗教里出现。比如，印度教的《摩诃婆罗多》就写道："一个人自己不想要的东西，切勿强加给别人。这是道德的精髓。所有其他行为都源于自私的欲望。"（Mahabharata，Asusanasa Parva，113.8）儒家思想教导每一个人："强恕而行，求仁莫近焉①"（《孟子·尽心

---

① "强恕而行，求仁莫近焉"：孟子在这里说的"恕"，指孔子所说的"忠恕之道"中的"恕"，即"己所不欲，勿施于人"的处事原则。孟子这句话的意思是：努力去做到己所不欲勿施于人，这就是追求"仁"的捷径。

上》)。

在中世纪,阿奎那探究了亚里士多德关于美德的思想,在培养德行过程中,除仁慈这一基督教道德伦理之外,勇气也是追求幸福和善的重要部分(Aquinas 1964:II-II.129.2)。的确,就像乔丹指出的那样,对阿奎那来讲,不可能存在没有慈善的道德,因为人类的最高目的是超自然的,如果没有仁慈之心是不可能实现的(Jordan 1993:242)。行善是可贵的,尤其当一个人做出可能危及这个人的生命或损害他所重视的其他东西的行为时。然而,这种行为只有当行为者充分考虑到行为所包含的危险和风险时才能称得上是道德的。本能的行为并不值得赞许(Aquinas 1964:II-II.123.1.2)。在道德行为中危险与风险的因素是特定利他主义行为的成分,这种特定利他主义行为是通过牺牲或者需要通过行为者在行动中有所放弃来界定的。对阿奎那来讲,这些行为最终被导向神性的实现。

他假定在仁慈之爱下,真正的勇者把他们当前的和今后的目的都与上帝相联系(Aquinas 1964:II-II.123.7;I-II.65.2)。他假定人们受到圣灵赐予的勇气和恩惠时,他们的行为就会很自信,没有恐惧。这样人们就会完成他们已经开始的所有困难的工作，比起他们想要达到的永恒的善，他们放弃的东西是微不足道的（Aquinas 1964：Ⅱ-Ⅱ.139.1；Bowlin 1999）。

将拥有永恒的生命和神性作为终极的目标又一次带来了问题，即关于在理解利他主义的本质时，其中表现出来的动机的形态是什么。对基督教利他主义的一个一般性批判是认为它并不是真实的利他主义。它的行为的首要动机是来自于对获得永恒生命的渴求。不管怎样，当时所理解的利他主义显然与我们现在所思考的不一样。

托马斯·霍布斯：自利与对它的批判

在17世纪中期，托马斯·霍布斯赞成一种和关心他人行为的道德明显不一致的人性观。支配着阿奎那的自然法传统和被其他学者继承的经院主义传统，可以在霍布斯的一些著作中体现，但霍布斯的主要目标是宣称智力和理性才是道德的基础。根据霍布斯，世上没有一个超越性的规范秩序，毋宁说，人们需要创造自己的秩序以适应他们生理和心理的天性。政治社会的建构是由于个人生存的需要。霍布斯经验主义的道德理论将人的行为动机看作是自利的产物，这源于他的观点，即人类不断努力去满足自身自私的欲望，其中最主要的欲望必然是生存。

霍布斯保留了一些自然法的概念，他把实现自由的能力理解为将自己的利益置于别人利益之上，这样就产生了竞争和剥削的机会。为了防止这样的结果，霍布斯认为，人类尽管被主观偏好和自身利益控制，但通过手段—目标的推理，他们也会认识到某些共同利益。他相信，人们会追求这些共同利益，以此来满足自身安全最大化的需要。这样，霍布斯就确定了一个自然法的清单，非常有趣的是，这个清单的最后一条就是黄金法则。"因此，自然法则无须任何形式的出版或宣布；这句话所包含的内容被整个世界所认同，即不要对别人做你不想别人对你做的事情。"［Hobbes（1651）1996：109］与那些将黄金法则作为利他主义原则的基督教伦理学者相比，霍布斯则把它作为维护自身利益的最重要的基础。但将霍布斯的黄金法则看作是利他主义的表现，这本身是有问题的。将霍布斯的黄金法则与早期对黄金法则的理解相比较，在人们出于何种动机而将他人的利益视同自己的利益这一问题上,二者的说法是截然不同的。当在前面霍布斯所提到的自然法的背景下看黄金法则时,其重点是我希望被怎样对待,而不是我怎样对待别人。一个人善待其他人是为了从他们那得到(以互惠为基础)他想要的待遇。由此,霍布斯的观点是彻底以自我为中心的。这一点可以从他对自然法的界定中表现出来;它是这样一个规则,即人们禁止做出自我损害或消除自我保存能力的行为 [Hobbes(1651)1996:91]。它所表达出的消极方面也不同于《圣经》中的表达,《圣经》中强调"己所不欲,勿施于人",而不是如何"施于人"。也就是说,不要用你不喜欢别人对待你的方式对待别人;你喜欢别人对待你的方式,乃是一种有利于你自我保全的方式。这是一个在自我保全的最主要的目标的背景下被理解的规则。因此,黄金法则可以被理解为是一种互惠道德的表达,而不仅是纯粹的利他主义。

霍布斯的利己主义被理查德·坎伯兰(Richard Cumberland)所反对,坎伯兰试图将自然法的道德回归基督教的传统。他相信霍布斯在他的假设中犯了一个错误,即每个人的意愿所反映出的想法,是对他们自身有利的。霍布斯假定每个人追求他们自己的善，正义与和平只是附属的目标（Cumberland 1672）。换句话说，坎伯兰认为，霍布斯并没有认识到存在出于他人的理由的对善的追求，这种善不是以自我为中心的。在霍布斯的理论中，正义与和平只是作为附属物，是人们出于自我保全的需要而产生的。坎伯兰支持一种实质意义的人性论观点，它将理性作为中心，将道德而非情感作为人类理性能力的基础。对坎伯兰而言，理性可以提升道德，而道德则是对自然法的发现。

塞缪尔·普芬道夫（Samuel Pufendorf）沿着坎伯兰的思想，为某种利他主义的观点做了更细致的辩护。在他的"人和公民的义务"一文中，人类自利行为的趋向被强调对他人有多种义务的人类社会生活所抵消。在一个特定的标题——"普遍的人类义务"下，这些义务包括：

> 每个人都要促进他人的利益，只要他方便这么做。因为人与人之间存在着某种亲族关系，所以人际间仅仅免于互相伤害和轻视，是不够的；我们也必须对他人给予足够的关注——或者交换

这种关怀——这样相互之间的善行会在人与人之间培养起来。现在,我们明确地或不明确地使他人受益,可能我们会有些损失,或者对我们自身并没有损失。

(Pufendorf [1673] 1991: bk. I, ch. VIII)

这里,我们有一个对利他主义的清晰表达,结合将他人的利益看作是自己的利益的那些观点,与相互援助的观点同道,更进一步说,与将他人的利益看作是自己的利益会使自己付出一些代价的可能性相连。

克里斯蒂安·沃尔夫(Christian Wolff)1738年的文章"普遍实践哲学"被康德在《道德形而上学基础》中所提及[Kant(1785)1996:46],他认为对他人的义务与对自己的义务一样,这一观念不仅回归了黄金法则在福音书中的表达,而且也回归了圣约翰的告诫,即人要像爱自己一样去爱别人(Wolff 1720:796)。沃尔夫强调帮助有需要的人的义务,在个人所能承受的范围内,他们可能受到环境和能力的限制。这种义务并不是要扩展到把个人置于风险之中。沃尔夫在对提供帮助的反思中很清晰地表达了这一点。心地善良乐于助人者的道德,无论多么值得称赞，也不是说要使义务超越于自身的能力：

> 这些规则的效用是重要并且广泛的。通过它们，我们可以在所有情况下判断是否我们有义务去帮助他人。例如，我们看见一个人被强盗袭击，强盗打劫并要灭口。我们本能地感到恐惧和脆弱，结果不适合去保护任何人。因此，我们必须知道如果我们见义勇为我们可能不但救不了受害者，反而使自己与受害者一同陷入危险之中。因为我们同其他人一样有义务避免生活中的所有危险，如果我们没有能力对他人施救，我们就没有义务去做。一种义务不能与另一种义务相对立。
>
> （Wolff 1720：772）

对沃尔夫而言，具有牺牲精神的利他主义有它的局限，这种规定在今天读起来依然是非常明智的。此外，尽管沃尔夫提倡一种爱他人就像爱自己的义务，他也坚持对这种爱有一个不平等的分配："爱的实践被称为利益，因此可以说朋友尽力使我们获益。由于我们有义务像爱自己一样去爱所有人，所以我们就亏欠给予我们利益的人更多的爱。对赠予人的爱被称为感恩之心，因此我们应该对我们的赠予人怀有感恩之心。"（Wolff 1720：834）对赠予人的偏爱在一些情况下产生了这样的问题，即如果一个陌生人的需要比赠予人的需要更加迫切，那么我们应该怎么做？这些问题带来的一种观念可以加深我们对道德和正义更加公平的理解。

伊曼纽尔·康德称赞了沃尔夫对道德的贡献，这在《道德形而上学基础》的开篇有所体现，他为之竭力辩护的普遍的实践哲学观念已经被沃尔夫清晰地表达了。在《道德形而上学基础》中，康德的出发点是寻找一种对立足于理性的道德观的证成。他通过一个复杂的讨论，试图展现一个道德的基本普遍原则的可能性，这被称作绝对命令（categorical imperative）。他认为，这种命令是"终极的道德原则"[Kant（1785）1996：47]，这在《道德形而上学基础》中通过一些形式表达出来。康德试图找到纯粹道德行为的动机，通过避免依赖于经验主义的来源，比如感觉和欲望。然而，后者包括大量我们今天仍在思考的利他主义行为。

康德将使有需要的他人获益的行为看作是道德义

务，在《道德形而上学基础》中，他介绍了善行（对他人行善），并将其作为绝对道德的一个例子，对所有自主的理性人有普遍的约束作用。在康德看来，这意味着所有理性人都会同意这样一个原则，即个人有一个道德义务去对他人行善。行善之所以是一种道德义务，是因为人们总是会处于一种情况，在这种情况下，个人需要有能力帮助他的人对他进行援助。根据行善的义务所采取的行为，其背后的基本原理是将对他人不行善作为一个普遍原则是不合理的，因为这意味着，当个人处在需要帮助的环境下，他应该放弃从他人处寻求援助的想法。值得一提的是，康德的立场在动机方面，赋予了道德理性一个核心角色。这与经验主义传统所倾向的方法形成强烈对比，它承认人类情感有标准化的力量；换句话说，理性可以激发我们去行动，正确的道德价值通过我们的行为被表达出来。下文，当我们解释动机的概念时，我们将重新分析这个对比。

经验主义传统和早期进化论思想

经验主义传统在英国的发展见证了基督教传统的

爱邻伦理与另外两种伦理的交汇,这两种伦理分别是感性伦理和理性伦理。之前我们已经体会到霍布斯的经验主义,即对死亡的恐惧和一个手段—目标的论证概念在一起形成了一个对政治社会构建的非形而上学基础。这种交汇导致了对道德和——对我们的目的很重要——利他主义道德的新的理解。例如,赞成道德是感情的一种发展的沙夫茨伯里伯爵(Lord Shaftesbury 1977)对这一问题就进行了阐述,追随他的还有相信人类有道德感的赫起逊(Hutcheson),这种道德感运用感情而非理性来形成我们的道德判断。这种新的以感情的方式来思考道德的方法使得道德与利他主义关怀越来越接近。

休谟从赫起逊的理论中发展出自己的道德逻辑,他认为感情是道德判断的基础。休谟将其著作《道德原则研究》的重要部分用于讨论行善的主题,这主要体现在开篇对与道德感情的相关内容的搜集,他认为这种道德感情表现了"人性所能达到的最高美德"[Hume(1777)1975:176]。他所引用的名词都是美德的各种形式:善于交际、随和、仁慈、宽厚、感恩、友善、慷慨和行善。行善是其中的最后一条,但它是最能清晰地反映出利他主义并(如我们所见的)

同样对康德很重要。休谟认为，道德感情的根源是通过家族和其他社会关系而产生的。正是在此期间，人类养成了同情的情感，这也是道德行为的动机的核心。根据休谟的理论，正是同情的感情，使人们对别人的感觉能感同身受［Hume（1739-40）1888：493］。强调情感对利他主义的发展十分重要，因为它提供了一个对动机根源的不同解释。比起理性，感情和感性更能为利他主义道德提供一个恰当的基础。这种观点在近期被劳伦斯·布卢姆（Lawrence Blum）所支持，关于布卢姆我们将在下一章介绍。同样重要的是感情和感性之间的关系。迈克尔·罗斯（Michael Ruse），一个进化论的伦理学家，从人类道德起源的角度思考休谟的观点，认为他和达尔文的观点非常接近。我们将在第三章分析这个问题。

18世纪休谟的一个朋友，苏格兰经济学家和哲学家亚当·斯密提出了一个非常不同的观点。像霍布斯一样，他相信自利促进了公共善。具体而言，当每个人被允许追求自己的经济自由，扩大自己的经济利益时，这将大大增进总体的经济利益，并且由此促进普遍性的福利。然而，斯密认为，霍布斯严格的自利观点有些夸大，并在《道德情操论》中论述："无论人被设想得多么自私，在他的天性里还会有一些明显的原则，使他关心别人的命运，并且将他人的幸福视作自己所需，除了目睹别人快乐而带来的愉悦，他不会从中得到什么。"［Smith（1790）2002：11］这样，像休谟一样，斯密承认同情是道德的基础，尽管正像玛瑞斯（Maris）指出的那样，斯密将同情解释为假想自己处于别人的立场的能力，然而休谟将同情视为这样一个原则，即个人将感受转移到另一个人身上的可能性（Maris：1981：59）。

然而，斯密注意到我们假想出的是我们自己的感受，而不是他人的感受。假想自己处于他人的位置并不足以导致在此假想之上的行为。例如，当我看到某人正经受疼痛，比如扭了脖子，当我同情他的时候，我可能会假想这种经历对我而言，疼痛的程度是什么样的。有人可能会认为，对于真正的利他主义，可能会需要更多的回应，即将他人的利益作为自己的利益、根据别人的观点而行事。玛瑞斯认为，斯密区分了利他主义和其他道德感觉，前者他认为是不平均的感情，只包括那些极其接近的；后者则更平等地分配并允许客观化，它包含一些道德现象，比如把自己置身于他人的位置或者通过自身行为向他人履行自己的义务。对斯密而言，利他主义表达了自我牺牲，是直接针对我们身边的人，这不同于把自己置身于他人的位置。后者包括道德感受和比"行善的微弱火花"更强烈的同情［Smith（1790）2002：156］。更强烈的方面包括理性原则的道德心和公平的观察者的视角，而不是周围人的爱。

虽然利他主义作为一个名词并不在这一时期使用，但值得一提的是，人们所考虑的利他主义思想的特征被斯密理解成包含理性和道德心的动机：它并没有被斯密将其与自我牺牲相连，而是一种强烈和可行的道德感觉。关心他人的行为根源并不能在行善中找到。这些思想主要是关于将他人的利益看作是自己的利益和产生使他人获益的行为的动机，这些都是理解任何意义上的利他主义的关键性问题。然而，关于霍布斯、沙夫茨伯里、赫起逊、休谟和斯密的道德哲学最重要的是，尽管他们在个人动机上有不尽相同的观点，但他们都反对康德等其他人所维护的观点，即道德有理性的理由。由此，他们为解释道德的进化论方法的出现提供了一个思想背景。

奥古斯特·孔德（Auguste Comte）

利他主义的含义在犹太教和基督教的伦理传统中得到发展，尤其是后者。随后，当经验主义得到承认后，它聚焦于个人的能力，将其作为利他的动机根源。然而，更多具体的现代意义出现在奥古斯特·孔德的理论中，孔德创造了涉及仁慈和同情的感觉的"利他主义"这一名词，根据他的理论，仁慈和同情应该替代更多的自利之心。在道德哲学传统里，对他人的考虑包括对上帝、对社会共同体的和对自己的义务的考虑，而孔德则希望看到道德从我们的社会关系中发展出来。利他主义主要是关于促进他人的利益，而道德是利他主义超越利己主义的胜利。孔德在动物的世界里寻找到同情、社会化和利他主义的根源。随着19世纪中叶关于大脑的自然科学的出现，孔德也相信同情和利他主义的情感来自大脑的特殊区域这一事实可以被显现。

在孔德看来，自我保存所需要的利己主义感情比脆弱的利他的和社交的能力更强大。然而，这些脆弱的能力可以通过教育变得强大；在人类进化的过程中，大脑中的利他因素变得越来越强，并有能力控制住自利的欲望（Maris 1981）。对利己的本能和利他的趋势之间关系的论证意味着为别人而活的生活目标在人类社会的进化中是有问题的；理解力和利他主义的能力不得不面对征服自我保存的要求。孔德支持这一观点的理由是困难和复杂的。他坚持在人类进化的过程中，本能的天然主导和支配会因更高的理性的发展而让步。这会带来一个在心灵和头脑之间的"致命的分割"，这会威胁到人的统一。任何试图将利他主义从利己主义中分离出去并只促进利他主义的做法都会对社会造成很大损失，除非它发展到了必要的阶段。如果还没有发展到，那将很难区分纯粹的利他主义和帮助促进他人的利己主义的利他主义［Comte（1852）1966：vol. 1，para. 66］。

家庭是利他主义第一个被教授和实践的场所，也为其随后转化成完全成熟的道德和社会现象提供了一个试验场。然而，尽管这是利他主义存在的第一个场所，但家庭并没有使利他主义得到完全的发展。只是在后来，伴随着一定数量的提炼，利他主义才作为普遍的人类目标被人们所追求。根据孔德所言，在社会上，道德发展的这一阶段当时并没有达到；所以需要通过教育和理智与利他感觉的持续合作来实现。一般而言，通过不断地消除人们的私心（以自我为中心）和利己主义趋势，并采纳利他主义作为巩固社会关系的行为，将由此勾画出一个文明的特征。

随之产生一种从个人阶段到家庭阶段的转移，这也是康德学派和经验主义研究的焦点，此时，趋向于利他主义的想法将成为社会生活的基础［Comte（1852）1966：vol. 3，para. 69］。最后，孔德认为，一个无意识的、自发的、天然的利他主义［Comte（1851）1969-1970：vol. 3，para. 589；vol. 4，para. 20］产生了，通过思想的进化，人类可以宣称在他们的心理倾向上，理智战胜了情感，利他主义战胜了利己主义。根据孔德的理论，这种发展变化①"比起心灵和头脑在利己主义之下的统一更难实现"，因为要让利他主义占据我们的理智非一日之功。也正因如此，一旦我们让利他主义统一了自己的头脑和心灵，那么这一成就在维系社会关系方面"比财富和稳定更可贵"［Comte（1852）1966：vol. 2，para. 9］。利他主义的演变要求将满足他人的需要摆在利己之前，这是个人幸福的来源，也是总体社会和谐的来源。面临着强大

---

① 指心理和头脑在利他主义之下的统一。——译者注

的利己本性，利他主义唯有借助人类的理性能力，才能在社会上发扬光大。这种能力为在理性面对人类需要时的社会协调提供了一种理性的思维。单纯的理智和理性导致没有实际意义的价值，但在社会背景下面对人类需求，理智被用来服务于人类需要，这种服务通过利他主义的实践最好地反映出来 [Comte（1852）1966：vol. 1，para. 700；vol. 2，para. 204]。这种被孔德视为进化了的利他主义逐渐在全人类范围内普及。

赫伯特·斯宾塞（Herbert Spencer）对利他主义的观点与孔德相似，不同的是在达尔文关于自然选择观点日益兴盛的背景下，斯宾塞将进化论看成是一个物理的过程。被斯宾塞引入到思想界的社会达尔文主义将达尔文的自然选择理论作为一种方法，以使整个进化过程通过利他主义的发展促进人类道德进步。当利他主义无法再服务于道德进步时，它会随之自动消失。斯宾塞避免了孔德的极端方法，因为他相信孔德的纯粹的、家庭式的利他主义会导致个人在共同体中相互依存的增长，这与他所强调的个人应作为人类进化的原动力正好相反。不同于孔德的方法，斯宾塞是个人主义者，他认为利己主义对利他主义有优先权。

"利己主义在必行之事的排序上优先于利他主义,这是很明显的。人类赖以维持生活的行为,一般来说一定要比生活使之成为可能的行为更有优先权,包括那些利他的行为。"(Collins 1895:ch. 11, sec. 68)

拥有不容置疑的优先性的利己主义和它的相关行为,提供了一个无可辩驳的要求,即顺从那些让维持生活成为可能的力量。斯宾塞将利他主义简单地定义为使他人获益而非使自己获益的行为。他提供了一个利他主义的功利形式,这可以在道德哲学的英国经验主义传统的过程中看到,它的前身可以看作是一种非严格意义上的利己主义(Spencer 1879:ch. 1, para. 69; 1872: chs. 1, 7, 9)。对斯宾塞而言,纯粹的利己主义和纯粹的利他主义都是对人有害的,因为他们破坏了实现最大幸福的功利主义目标。他认为,"爱邻居就像爱自己"这一原则要求个人同时是利他的和利己的——愿意为了他人的利益而损害自己和期望他人能够接受以损害别人的代价来实现他们的利益,这本身在斯宾塞看来,就是不能共存的(Collins 1895: bk, XII. sec. 82 – 89)。利他主义包含的对自我牺牲的承诺与斯宾塞在他的进化论中对最适当的自我保存的认同相违背。利己主义所展现出的力量是允许优等生物体得到自然进化。然而，利他主义是有益的，因为它可以在社会生活上通过人与人之间的援助，为人类的繁殖成功提供帮助，而且它在经济关系中有益并可以给人带来幸福。最后，利他主义与利己主义在人类进化的过程中趋于一致。

然而，对斯宾塞而言，利他主义和利己主义的冲突只是过渡性的，最终它们处于更加和谐的关系中，因为在工业社会每个人为所有人工作，个人的需要和利益与市场规律是一致的。进化论是斯宾塞社会哲学背后的原则，他相信人类会完全适应他的社会环境，因为如果他没有与时俱进，他将被社会遗弃。最终，不再需要利他主义，因为在一个完美的社会，所有人同时要求维护自身利益和完全履行所有社会的基本义务，以使社会处于有序的环境下（Spencer 1879：ch.1，para.80）。利他主义此时成了多余，因为在一个自身利益与所有利益一致的社会里，个人的需要被最完美地实现了。利他主义在这里仍然是一个"富于同情心的迁就，每个人只是把它当作一种无偿增加他们自利乐趣的行为"（Spencer 1879：ch.1，para.98），例如，在家庭中培养孩子所体现出来的利他主义，可以给其他家庭成员带来欢乐。

从尼采到一些现代的利他主义观点

尼采严厉地批评了斯宾塞的进化论理论和英国的经验主义传统,他将社会达尔文主义者称作是"这帮英国心理学家"。对于他们,尼采认为:"他们破坏道德谱系的方式在最初就被世人所知,就在他们研究'善'这个概念和判断的根源之时。"[Nietzsche (1910) 1992:461] 尼采不把利他主义或者社会关系的发展看作一个平等的合作系统,从这个合作系统中找到人类发展的含义,而把它看作是个人的事。他特别对被他看作为人类心灵脆弱的体现的利他主义感兴趣。对尼采而言,利他主义是利己主义最伪善的形式,是以对他人获得成功的怨恨为基础的 [Nietzsche (1901) 1968]。利他的人用自己的低自尊去衡量他人行为的价值 [Nietzsche (1901) 1968]。

尼采通过斯宾塞的假设来理解利他主义,这种假设将人类看作是进化得最高级的动物,能够技巧性地处理利他主义和利己主义的要求。斯宾塞的利他主义适当地保留了利己主义的因素,它也被尼采看作是来源于犹太教和基督教共有的传统。尼采批判它是因为它导致自我放弃和对他者的迷恋。这种针对道德的批判观点出现在他《论道德的系谱》一书的怨恨主题中,但他在别处也明确批判了利他主义。在他的文章"黎明"中,尼采认为利他主义起源于这样一些人,他们缺乏爱的经历,却又浪漫地妄想创造一个爱能发生的环境[Nietzsche(1881)1982:bk.II,para.147]。他将非利己的个人看作"空虚想要充实"或者"充实过头想要减轻负担——二者都是要寻找为他们的目的服务的人"[Nietzsche(1881)1982:bk.II,para.145],都是要找到一个非自利的爱。

　　对尼采而言,倾向于考虑他人而不是自己,这来源于一种怜悯的感觉。一种无意识的换位思考激发了人们对他人困境或者苦恼的关注。在解析这一行为时,尼采写到:"让我们认真地回想这个问题:为什么当有人在我们面前掉入水中时,我们会冲过去,即使我们对他并没有感情?是出于怜悯:在那一刻我们只想到了他人。"[Nietzsche(1881)1982:bk.II,para.133]但如果我们再进一步地想,据尼采所言,我们将看到我们的行为是被自利所激发,即使在当时我们并不是有意识地这么想。我们做某事去帮助有需要的人是为了减轻我们怜悯的感觉:"但这只是当我们表现出怜悯的行为时我们所要摆脱的困扰我们自身的东西。"[Nietzsche (1881) 1982: bk. II, para. 133]尼采明确地反对利他主义和其他任何将他人作为优于自身的行动焦点的道德。

马克斯·舍勒(Max Scheler)支持尼采这一从当代价值的角度表达出的怨恨的主题,但反对尼采将基督教的历史起源也解读成怨恨。(Schroeder 2000)。根据舍勒的观点,基督教所关心的对他人之爱来自他们自身的生命力量;人爱他人不是因为自身的目的或由于虚弱,而是因为积极的价值观。利他主义者摆脱了自身恐惧的干扰并贬低了自身的价值(Scheler 1954)。据舍勒而言,这是因为利他主义不能回答:为什么我现在或将来不值得从他人处获得爱的积极价值?换句话说,它不能解释互惠的价值。

利他主义的当代观念在进化论出现后分成两种不同的形式。第一,在进化论思想下,这一名词用来指一些动物行为的具体后果,它忽视了其背后的目的和动机。第二,利他主义仍然是一个用来形容考虑他人行为的名词,其范围从自我牺牲到只是将他人的目的作为自己的目的。我们看到,后者有一个长期的道德哲学历史。对这两种方式有着大量的讨论。后者关注动机和意图，因此这一观点是这本书的兴趣所在，但我们也将会分析进化论的观点（在第三章），因为它涉及很多当前的讨论。

对利他主义现象的研究不仅使对概念本身的多元化理解变得明显，同时促进其他人的价值这一现象在思想史上也是重要一笔。利他主义问题在很多环境下愈显突出，在讨论这一含义时，人们对于人性的观点也莫衷一是。关键的分歧似乎是，利他主义行为究竟是通过对理性的运用，还是经由他们的情感。

第二章

利他主义、动机和道德

我们通过从伦理思想的角度回顾利他主义的历史可以发现，动机问题是处于非常核心的位置。无论对于道德哲学家还是其他人，去判断我们利他的行为是由于欲望和感情还是理性的抉择（或是二者兼备）都是非常重要的。首先，回答这个问题可以更好地告诉我们人们是真实的利他还是最终为了利己，后者使纯粹的利他主义成为不可能。如我们将要看到的，对动机问题的研究使我们陷入道德哲学的艰难的、长久的辩论中。本章，我们将从倾向于理性的角度入手，其最有利的支持者是康德，之后我们简要论述倾向于感情的论证,这近来被继承了大卫·休谟思想的劳伦斯·布卢姆所辩护。我们支持前者观点的一个修正版本,一部分是因为利他主义的感情本身就孕于理性之中。本章将继续探讨道德挑战利他主义的三种更深远的方式:我们是否有义务去利他;互惠主义是否是真正的利他主义;利他主义和无偏私原则的关系。

作为动机的理性

当我们说人们被理性驱使时,这意味着什么?康德观点的前提是人们对于绝对命令的接受。绝对命令是对我们的一种理性约束,它要求我们从事某些行动,并且为我们的动机提供了某种依据。绝对命令是他的一般性道德原则:"只有依据你们在同一时刻都会遵守的格言所产生的行为才能成为普遍性的法律"[Kant(1797)1996:421]。这个格言是行为的准则。我们可以举出一个格言,比如"把钱给穷人是好的",然后通过绝对命令去检验它是否理性地约束全人类。如果是,那么我们就有理由接受它作为所有人行为的道德义务;在这种情况下,每个人都有理由把钱给穷人。

在康德的理论中，行善的义务是理性引导利他行为最恰当的例子。康德区分了善行（beneficence）和善心（benevolence），二者之间有一个细微但很重要的区别。善行（康德称为"Wohltun"）被理解为做好事；善心（康德称为"Wohlwollen"）只是被理解为希望做善事。这样，只有善行才直接与行动相关。康德进一步将善行定义为善心在人类爱的实践中的具体表现。所以善行的义务开始于按义务行事，而不仅是对义务理论的认知水平。但康德对善行进行了更特殊的定义，即"以实现他人幸福为自己目标的格言"〔Kant（1797）1996：452〕。尽管他喜欢使用善行这个术语，但康德在此还是提供了一个对利他主义的清晰表达。然而到这里为止，他还是没有表明我们有利他的义务（Scott 2004）。

康德认为，我们有一个利他的义务，他通过让我们设想一个特殊的情况：一个有巨大财富和成功的人〔Kant（1797）1996：423-424〕。这个有钱人也认识到其他人并不富裕，甚至实际上是必需品匮乏。更进一步讲，他知道它可以做一些事来帮助必需品匮乏的人。然而，在康德举的例子里，这个富人并不打算给予别人帮助。他对他的现状表示满意，他说"让每个人能够像在天堂一样幸福,或者让他们自求多福吧。"[Kant(1797)1996:423-424]这种态度看起来好像很慷慨(对于成功人士,而不是对于我们)。他不希望任何人受到伤害,希望促进每个人的自由和个人空间。他说:"我不会从他们[穷人]身上取走任何东西,或者嫉妒他们。"[Kant(1797)1996:423-424]即使他认识到贫困给穷人带来的状况,他还是简单地决定不贡献出自己的福利;他对此全然冷漠。

现在我们一定要设想如果不行善的原则作为普遍规则——或者作为行动的格言——被每个人采纳。康德承认,如果每个人都采纳了这样的原则,那么"人类大概也能生存下去"[Kant(1797)1996:423]。事实上,他认为一个真实的、坚定的利己主义比起其他人偶尔的同情,但也是虚假的、不可预知的和反复无常的行为,会带来一个更加美好的社会。然而,尽管我们可以接受富人不作为的可能性,但康德坚持认为,我们不可能希望将这样的格言作为普遍规则。他说,我们不可能理性地赞同这样的利己主义,并把它作为每个人都遵守的普遍合法性运用于实践。一个人如果坚持一致的利己行为,那么当他认识到他人处于困苦之中，而又没有任何行动时，这将会将他自身置于矛盾之中。他们公开承认的信念将与他们未来可能寻求他人的帮助不一致。一个自主的人采纳一贯无视他人的需要作为行为准则，那么他将剥夺自身在未来遇到需要时，他人对自己施以援手的任何希望。只有当人们充分独立以至于完全不需要他人帮助的时候（不是偶尔存在，而是作为一个无条件的事实），他们才可能采纳这个格言作为一个普遍的准则。康德所提出的挑战是，人类不可能在这方面完全独立。

  康德假定人类不习惯与他人老死不相往来，或者甚至不具备过这种生活的能力。没有人能在孤独中实现他们的目标、渴望和需要，因此，将普遍的不行善作为准则是不合理的。这看起来是毋庸置疑的。我们需要他人的帮忙和援助，利他主义是它的重要构成要素。有趣的是，这里康德在他的政治学文章里认识到人们行为的一个心理矛盾，这可能会跟读者的经历很相似：人们通常既希望独处，也渴望与人交流。在与他人一起时，我们寻求独处，当独处的时候，我们又渴望和别人在一起。道德和利他主义的起源可以视作对社会组织中这种矛盾的回应，试图解决这种不同作用力之间的矛盾。尽管可以追求遗世独立，我们对自己穷困地位的认识帮助我们界定了一些人类生存的自然的和社会的限制。

我们仍然需要知道什么程度的义务才是利他主义的。毕竟我们能从事的利他行为几乎是没有限制的。我们可以每次可怜兮兮地牺牲自己，甚至到导致我们牺牲性命的程度。值得庆幸的是，康德并不相信这样一个要求是合理的。他相信，行善的义务是取决于能力的，义务本身可以是不完美的。通过将它定义为一个不完美的义务，康德旨在表明并没有一个对利他主义的严格要求，因为很多时候我们无法利他，或者利他的职责和其他关怀相比微不足道。一个取决于能力的义务意味着即便行为人无法完成该义务，他也不应在道德上受到谴责［Kant（1797）1996：454］。把我的钱给穷人是件好事，但我不能被要求散光我所有的钱，因为这样将置我于贫困的境地。我可能会面对一个溺水的人，但如果我不会游泳，就不能把我强加于道德义务之下而去救他。我们发现我们身处的能力和环境限制了我们所设想的利他（行善）的方式。

康德对行善的论证是通过他的理性主义框架实现的，这个框架认为，人类能够确定目标、明确实现这一目标的原则，并能游刃有余地将原则应用于行动。

可能很难领会康德的整个框架，但其要点是关乎选择的本质。为了选择我们必须运用理性，康德把理性看作是具有实用性的，而不只是理论上的［Kant（1797）1996：412］。至关重要的是，人类的选择权力不仅表现为我们对所欲达成的目的和所追求的目标作出的选择，而且也表现为当职责所需时，我们能逆情感的方向而行。霍默·辛普森（Homer Simpson）的美国连续动画片《辛普森一家》就是一个表现选择的斗争的好例子。那些熟悉剧情的人会认识到，霍默是一个不断在追求欲望和追求更高价值之间举棋不定的角色。霍默所经历的不仅仅是不同欲望之间的斗争，更是一场理性与欲望之间的斗争。

姆斯·劳勒（James Lawler）在分析霍默的困境时捕捉到了这一细节，霍默的困境在于他必须从去钓鱼和去尽力挽救他失败的婚姻之间作出选择。婚姻咨询所设在一个湖畔，霍默在是把握住抓到"大雪曼"（Great Sherman）鲶鱼的机会还是拯救婚姻之间徘徊。他选择了后者，但不久他就试图偷偷地从咨询所逃去钓鱼，只是被他的妻子玛吉抓到了。他声明放弃钓鱼的想法，并去散步以反思自己的自私，但过了一会儿，他发现一个遗弃的钓鱼竿，当他用力地拉鱼线的

第二章 利他主义、动机和道德

时候,他意外地发现在它末端困住了一条大鱼,正是大雪曼。劳勒在描述接下来在霍默和大鱼之间发生的战斗时,将其描述成意志的战斗,象征着霍默内心的斗争。最终在霍默抓到了大鱼并有望因此而成名时,他又再一次与玛吉遭遇。面对自私的欲望和道德的义务之间的选择,"霍默为了家庭放弃了钓鱼的名声",宣布"我为了婚姻选择放弃声望和早餐"(Lawler 1999:149)。回到康德的理论,其中心思想是,虽然一种情绪状态可能阻止某人产生利他行为,或者追求一切道德上值得做的目标,但原则上理性可以引导我们的行动。产生利他主义的理性(作为动机)在原则上可以超越感情和欲望。利他行为的义务意味着一个人有充分的理由去这么做,理性本身就可以引导行为。

行善原则要求我们作出一个理性的承诺,即没有人会理性地希望他们生活在一个普遍无善行的世界里。我们都是社会一员、都是相对匮乏的这一事实使我们不会理性地接受这样的状态。因此,一个没有善行的世界将与理智相对立。作为人,我们有不能放弃的需要,而且也不可能去预料我们未来可能的需要。否定对现在和未来需要的满足,这样的行事方式是不合理的。

　　康德关于我们有义务在理性的基础上利他这一观点，看起来忽视了一些与利他主义者对某种情况的反应相连的特征，比如怜悯、同情、感同身受，等等。通常我们会认为，当我们采取利他行为时，我们是在按着这些情感行事，特别是当我们对某种状况作出第一反应时——这是日常生活中最普通的行为方式。此外，他的义务的概念可能看起来会过度地限制利他主义：当一个人的利他主义源自他的情感时，就康德的观点而言，这不是真正的道德。一个给朋友礼物的人如果只是发于善心，那么他的行为就既不是道德的，也不是利他主义的（尽管康德承认这也是好的行为）。在康德眼中，利他主义看起来像一种要求颇高的美德。

　　然而，当代道德哲学继承了康德以理性为基础的方法去解释道德动机。一个好的例子是托马斯·内格尔（Thomas Nagel），在他的名著《利他主义的可能性》(*The Possibility of Altruism* 1970) 中提到的。内格尔没有将利他主义看作是一种不幸的自我牺牲，而是简单地看作一种促进使他人获益的意愿，没有任何更深层次的动机。利他主义是"被仅仅由他人可以从中获益或避免伤害这样一个信念衍生出的动机所诱导的任何行为"（Nagel 1970：16）。重要的是，内格尔认为，利他主义的原因本身就可以引发行为，因此他反对利他主义是欲望的一种特殊形式这一观点。内格尔的论证追随康德，试图为道德行为寻找一种先验的或形而上学的基础。艾伦·格沃斯（Alan Gewirth 1978）认为，在个人所认可的理由和他们所追求的目的之间有一种关系。格沃斯的观点基于这样一个事实，即一种个人应该做某些事情的欲望或判断，衍生出他有这样做的理由。例如，我应该施舍钱财以减轻他人的不幸，这样的判断包含了这样做的更深层次的原因。因此，充当动机这一角色的是理性，而不是欲望。但既然人们时常有从事利他行为的强烈理由，而事实上却又不依照这些理由行事，那么这种方法就面临一个困境。

被感情激发的利他主义

我们平日所理解的利他主义将其看作接近于怜悯、同情和相似的感情经历。当然，人们行利他之事是因为理性，但同时也因为存在于狭义康德学派的道德框架之外的自身感觉和相关的心理状态。不是由理性的要求所激发的利他主义，其道德价值看起来并不逊于由理性激发的利他主义正是基于这个理由，劳伦斯·布鲁姆在他的《友谊、利他主义与道德》（1980）一书中深刻批判了康德学派：它忽视了人类利他行为的细致和微妙的部分。特别是，布鲁姆将康德的立场解释成由三个目标构成（所有这三方面他都进行了反驳）。首先，据布鲁姆所言，康德希望明确地表达一个适用于全人类的道德的单一基本原则——这就是他的绝对命令。其次，康德相信适用于道德认知的普通的人类理性一定没有本质矛盾或者冲突，因为否则它就不能给我们提供一个道德的原则性方法。最后，布鲁姆将康德的立场看作是严格的和绝对的：道德义务是在任何时间绝对地约束所有人，因为它是正确的事情。这三个方面没有很好地解释利他主义，或确切地说是道德，如何在我们生存的世界里产生。

对康德而言，人类情感非常不同于理性和理智，它通常具有某种被动性。它不在我们的控制范围内，我们也不能对它们负责，因为它们置身于意愿之外。感觉和情感是瞬息即逝的、多变的、反复无常的和脆弱的，它们受制于心情和偏好。因此它们不能被用来作为道德赞扬和道德谴责的根源。对于利他主义情感，康德学派认为它们只是因对特殊环境的回应而生，没有道德所要求的一般性和普遍性。因此，人们根据偏见、癖好来左右非道德和非理性的考虑，这种考虑高度主观，充满不可靠、不一致、无原则和不合理的因素。对康德而言，正确的道德判断要求与感觉和情感分离。

然而，布鲁姆对康德的观点，即道德的动机必须是可靠的、一致的并且不受情绪影响的，并不赞同。他也反对这样的观点，即它们不能由偶然的事情和人的癖好引起，或者它们必须是非利己的。根据布鲁姆，由利他的感觉和感情而产生的行为是出于偏好和欲望。这些感觉和情感是利己的，因为人有一种为满足自身欲望而促进他人善的特殊偏好。（就像我们将要看到的，这一点使它们陷入与无偏私这一重要道德观念相矛盾的困境中。）布鲁姆认为利他主义是一种特殊的情感。他的方法的优点是通过接受义务的情感根源，他看起来给我们提供了一个关于利他主义到底应该包含什么的更加完整的画面，一个更接近于我们一般性道德经验的路径。

与康德的方法相反，布鲁姆认为善有很多不同的类型，它们并不都遵从一个简单的、单一的原则。我们不可能总是得到一致的考虑，矛盾在道德体系里也时有发生——这是应该被允许的。事实上，布鲁姆更加开放、多元化的方法并没有对道德和非道德的观点进行任何明确的区分。这在很大程度上是因为友谊的缘故，以及同情、怜悯和关怀的重要意义，这些看起来模糊了那种区分。进一步讲，我们可以依据情感激发我们的利他主义行为，我们不需要将理性作为道德的基础。

利他主义被布鲁姆定义为"一种对于他人的福祉本身的关注或者由这种关注而引导出的行为"（Blum 1980：9）。它不需要包含任何自我牺牲和自我忽略的概念，只是仅仅包含一个"以对他人福利的真实考虑为行为动机"（Blum 1980：10）的自主人。对布鲁姆而言，道德上的唯一重要区分是在个人对他人的关心和个人对自己的关心之间，换句话说，在利他主义和利己主义之间。利他主义情感与其他人类情感相比，处于一个特殊的地位：它是有意识的，即它指向一些超出于自身的东西。它也有一个认知的层面，因为我们对他人处于需要的状态这一事实是认知的，我们对其重要性的判断不是一个抽象的道德判断，而是对情感的表达。利他主义感觉并非只是一段小插曲，它随着时间而继续，并不必然指向具体的的情况，比如在特定的情况下对特定人的关心。

布鲁姆的观点很多是来自大卫·休谟的清晰表达，在上一节当我们讨论经验主义立场时，分析过休谟的那些相关理论。在他的《道德原则的研究》一书中，休谟认为道德依赖于"一些普遍存在于整个物种的、天性所固有的理性和感觉"[Hume（1777）1975：173］。斯洛伐克作曲家艾伯特·奥尔布里奇茨（Albert Albrechts）将自己的大部分时间和资源都用来照顾和教育儿童。他很好地指出了在利他主义和创造力的相互关系中，情感以及审美所扮演的角色。他的语录在位于布拉迪斯拉法的斯洛伐克国家音乐博物馆展出：

艺术永远不会与人类分离。我们的最终目标是将理解我们的文化作为日常本能的需要，正如尊重他人、理解他人和利他主义是我们生活中最美好的内容。这才是我们所关心的。勇敢面对、尽可能地思考和献出爱心是必要的：有必要知道如何去爱。恨人之人必为恶人，爱人之人必为善人。对坏的事物我们要消灭,对好的事物我们要建构。毁坏一些东西是简单的、迅速的,但建构却是一件缓慢而困难的工作!我们每个人的生命只有一次,所以让我们一起建构,从而在我们死之后,人们可以说一些彼此很难听到的话:"真是天妒英才!"当我们年富力强的时候,让我们不要停止我们的工作,珍惜白天的时光,因为黑夜马上就要降临,我们也将不再有工作的可能。

(Albrechts n. d.)

康德和布鲁姆的一些问题

感觉和情感可以清楚地表达特定的欲望的因素,这是毫无疑问的;相对而言,欲望和道德的关系则是有争议的,特别是当我们讨论道德如何成功地服务于人际关系的时候。我们能够理解康德所提出的问题,即若将人类的情感倾向作为道德的基础,道德就有变得不可预知的风险。然而,这并没有将情感倾向从每日道德判断的过程和使这些过程有执行力的动机中排除出去。康德学派的观点不否认人类心理在导致特定的道德动机时所扮演的角色；它仅是说如果我们的道德行为是可靠的、始终如一的，那么必须避免将道德原则建立在心理活动之上。道德原则的一致性对我们该如何行动产生了绝对的要求；我们是否遵照这一要求去行动，甚至我们是否相信这一要求是合理的，则是另外一个问题。

布鲁姆清晰地认为，道德一致性可以来自特殊的情感状态，它把利他主义情感看作是道德行为的充分基础。然而，这很难说明利他主义情感在人类社会中是始终如一、恒久不变地存在着。这是有争议的，我们在下一章将会看到，关于是否存在一个普遍的利他主义情感，人们的观点不尽相同。一种挽回布鲁姆赋予情感的基础性角色的方法是（沿着进化论的思路）将它们解释为人类强大的本能把我们"拉"向某些行为。然而我们将看到，人类的本能并无所谓道德或是利他。尽管情感（作为本性）可以是回应性的——人们可以从需要的角度回应并依据这种回应而行动——，但我们却无法保证这些回应都是利他主义的。此外，布鲁姆赋予了利他主义情感以成熟的认知角色，这种成熟的认知是通过判断他人是否贫穷、评定他们需要的本质而表现出来的，很难将这些更大程度上是以理性为基础的角色与对作为本能的情感的解释相统一。

显然，为利他主义及其动机提供一个在道德上成立而又符合现实心理的解释不是件简单的工作。康德学派的框架给我们提供了一个严格的、可靠的结构，但它没能成功认识到我们利他主义的日常经验，这些经验含有很有意义的情感因素。然而，情感在利他主义的定义中扮演了一个建构的角色，但它们并没有给我们信心，以确保我们能从独立于个人可锻造的天性的道德原则中获益。然而，我们最好别让理论的冲突妨碍了我们的行动。人们根据不同的动机行事，并在不同环境中表现出不同种类的利他主义，看起来鼓励为他人采取行动要比寻找最好的用于实践的理论类型重要得多。这并不是说事后的评判和衡量不重要。但如果一些人的利他主义更合理，其他人的则更体现人情感的天性，那么我们每个人就应该批判其他人的行为。在下一章里，我们将探讨进化论的观点，它试图解释我们如何成为一个对他人的福利深度关怀的群体；在第四章我们将考虑一些利他主义行为的例子，其中的一些有更强的原则性，还有一些则带有更多本能的情感。然而，在做这些之前，在本章的剩余部分里，我们将进一步探讨利他主义和道德之间的关系，它们在分外之事（supererogation）、互惠和（无）偏私这三个方面相交。

分外之事

分外之事的行为是指超过义务的范围或者超越道德对我们的要求；这些额外的行为是值得称颂的。不同于我们的道德义务，大多数哲学家认为，如果我们没有成功地从事分外之事的行为，我们不该受到指责。康德在这个意义上，将利他主义（被解释为善行）理解为做分外之事。然而，从表面判断，这暗示我们没有义务去利他，因此它不是我们应该努力去追求的。反之，如果我们至少考虑某种利他主义，将其纳入我们义务的范围，那么我们作为利他主义者就需要知道何种程度的道德义务是我们应该遵照的。我们不能要求人们超越正常技术和能力的范围，我们也不能都成为圣人、英雄或者使自己处于危险之中的鲁莽的行善者。也不能让每个人都成为特蕾莎修女（Mother Theresa），或者至少因为这牺牲了我们自我保存的重要义务（Wolf 1982）。当我们要求他人作出利他主义的牺牲时，这种要求应该是公平合理的，即使他们被要求放弃的仅仅是时间。

马西亚·拜容（Marcia Baron 1987）明确地区分了应尽的利他主义行为和那些被允许的分外之事。一些利他主义的例子关乎于义务的问题。如果我目击了一起交通事故，而我又是一个合格的急救员，我就有伸出援手的道德义务。即便我不是一个合格的急救员，我至少应该叫救护车，并在救护车到来前做一些力所能及的救助。后者的义务被慈善的塞马里亚人的准则所规定，在一些国家没有对需要的人施救将会受到惩罚。[然而，这种惩罚意味着慈善的塞马里亚人对他人进行援助将不再是因为利他主义动机的缘故（Seglow 2004）。]如果在一个事故中，一辆汽车着火，司机被困于其中，救他会使我将自己陷于危险之中。此时，决定一个行为是分外之事还是道德义务的，就不仅仅是我们能从事的善行，而是也包括所面临的风险。最后，正如我们所看到的，人们做的很多好事都不是道德义务所要求做的事。当我搬家时，邻居帮我抬行李，这是件好事，但如果说邻居有一种道德义务去做这事，就未免有些极端。然而，一些哲学家不会让我们这么轻松地摆脱困境。对于邻里帮忙这样的常见利他行为，我们可以不把它归类成是分外之事，而将其看成是有弹性的义务。这同样是一种义务，如果我们未能履行的话，就应该受到指责，但我们在决定如何履行这些义务时，拥有相当的选择权和自主裁量权。我的邻居可能不愿意去提重物，但如果他利用闲暇时间帮助地方小学的学生念书，那么他就尽了他的有弹性的利他主义义务。

我们从事利他主义的一个最常见方式就是进行慈善捐款，尽管是否是分外之事、有弹性的义务还是应尽的义务，这本身还是个有争议的问题。因主张消极的功利主义观点而出名的彼得·辛格（Peter Singer 1972）就认为——我们有一个强烈的义务尽我们所能减轻痛苦——我们对第三世界国家的饥荒受害者的义务是迫切的和广泛的。作为一个功利主义者，辛格要求我们去考虑，什么样的利益我们应该为了给他人以帮助而放弃。他提出的普遍性原理是："如果我们有能力阻止坏事发生，而且并不因此牺牲在道德上同样重要的其他东西，那么我们在道德上就应这么去做。"（Singer 1972：231）既然使我们的生活更加舒适的奢侈品几乎不能跟生命的权利的意义相比，那么我们就有一个强烈的责任去减轻饥荒和赤贫。与许多赠予者考虑他们行善的方式不同，辛格不会因为某人有强烈的义务去做某事，就将这一行为视作利他主义。然而，这引出了一个问题，即在正义的义务和形势的义务之间是否存在空间？形势的义务是指当人的需要不是迫切的时候，我们没有援助的真实义务。如果没有这样的空间，很难看到致力于慈善的利他主义种类能够做什么。我们将在第五章，探讨福利国家中的利他主义角色时，重新讨论这个问题。

互惠

互惠的概念深深地镶嵌于道德意识，对福利的"行乞者"和失业的"无业游民"进行的抱怨有力地证明了这点。同利他主义一样，互惠的概念是以人类的一个基本认知为基础的，此概念将人类作为社会人，可以给予和接受利益。然而，利他主义鼓励我们去使他人受益，至少当我们回应他们的需要的时候，而互惠的观念则提醒我们，因为并不是每个人都是完全的利他主义者，那些给予者如果没有得到回报，就处在被其他人剥削的风险中。这样，对正义、平等和公平的反思，就要求我们在思考利他主义的时候，考察互惠的概念。舍勒（在第一章提到）认为利他主义并没有包含互惠的观念，当然，完全绝对的利他主义者看起来像准备被其他人剥削的角色。或许，在一个人人都准备利用他人的慈善行为而自肥的世道里，利他主义终究是一个盲目的、非理性的义务？或许利他主义者还没能正确地处理好他们自己的需要和利益？尼采持有这种观点，将利他主义看成不可接受的殉道，即一个人沦为他人需求的奴隶，并在这个过程中自我损害。当然，一种乐观主义的观点：每个人都聚焦于关心他人的需要，以至于没有人需要去关心自己的福利，这看起来是遥不可及的，甚至是乌托邦的。

互惠的概念试着解决这一问题，同时保留着无私行为的义务。黄金法则（像希望别人对待你那样去对待他人）恐怕是对互惠原则的最好解读，因为它强调我们义务的相互关系。康德的行善原则，尽管将行善行为的责任和主动性置于个体行为者的手中，但同时也依靠一个用互惠作为利他理由的过程。康德认为个人有义务行善，因为放弃帮助他人就可能意味着在未来得不到他人的帮助，显然这是不理智的。这样，代替空想的利他主义，我们可以设想一个对人类需要的相互认可的方案，在社会背景下相互交换帮助，都承认各自的义务。芭芭拉·赫尔曼（Barbara Herman）就将康德的义务理论理解为相互帮助的义务（Herman 1993）。

互惠通过强调交换的价值，提供了一种保护利他主义者的方式。然而，对是否互惠者还保持着与纯粹利他主义相同的值得称颂的动机，还远没有弄清楚。我被激发去使别人获益，是因为考虑到我可能的回报吗？如果是这样，我很难声称自己是利他主义者（毕竟这样的交换体现的是市场交易的特征）。这里我们可以区分以合理交换为条件的互惠和作为赠与行为的附属品的互惠。在第一种情况，例如，一个公司可能会同意捐钱给慈善机构，只要慈善机构将公司的商标显示在它今后一段时间的宣传活动中，作为"免费"的广告。如果商标不能出现在宣传活动中，捐赠的款项也不会到账，这使人对公司高层的利他主义动机产生怀疑。在第二种互惠的情况中，如果一个人从他人非自利的给予中获利，他们应该做一些事情来回报，而不管他人是否对此有期望，这样才算公平。

例如，我们中的一个（尼尔·斯科特）有一个对待伤残同事的只做不说的约定。当这位同事上班时间跟我一样时，我会让他搭我的车。我们曾经讨论过关于共享油钱，但因为我反正都要开车上班，所以看起来好像不应该有这个要求。作为一个替代的报偿，我的同事给我买早饭。有时他并没有搭我的车，但他仍给我买早饭；在另一些时候，他搭我的车，却没给我买早饭——我们俩中的一个可能有一个很早的会议和讲座。在这种情况下，互惠不是预先假定的，但却是事实。提供搭车是无条件的，即使我没有任何回报也会做这件事。从这个意义上讲，交换（早餐）是我付出的附属品，无论我是多么欣然地接受。而且（不像我们共担油钱的情况），没有一个对还回的礼物是否与原始礼物价值相当的计算。利他主义者可以接受互惠，即使他们并没有对此提出要求。

互惠的第一个观点体现出双方都在通过等价交换，以此来避免被他人剥削，这种观点面对这样一个问题，即有时人们无法进行以眼还眼的对等交换。一些人（老人、体弱的或者是那些已经对他人承担很大责任的人）可能给不了与他们所接受的同等价值的东西。而且如果坚持让他们同等付出，也是不合理的。就像理查德·阿内逊（Richard Arneson）认为的："那些只给予我很微薄的利益的人，对他们来说可能需要付出巨大的代价,但这并不能要求我归还给他同样巨大代价的利益。"(Arneson 1997:16)是否存在任何内在的互惠观念要求回报必须等值,这是值得争论的。尽管如此,作为与更加利他主义的社会精神相对立的市场导向可能会鼓励互惠者对同等交换的关注。更无疑问的是,如果社会关系的特征是人人感到有"报恩"的义务,或者对赠予者有类似的亏欠感,那么利他主义赠予值得称颂的自愿性质就被严重地破坏了。我需要报答你,因为你的善良使我感到一种超越仅仅是感激的震撼。但如果我行为的动机变成把自己从互惠的债务中解脱出来,而不是源于善心,那么我就会开始根据不同的原因、不同的动机指导我的行为。如果仍然要坚持纯粹的利他主义,那么互惠就需要避免利己主义的侵蚀,它可以使被期望平等对待的动机之泉浑浊,或者接受者所持有的义务影响了他独立决定该如何回馈的自由。

偏私和无偏私

（无）偏私这一主题衔接道德哲学与政治哲学,并将平等待人的观念与正义的要求结合在了一起。它

第二章 利他主义、动机和道德

为利他主义者带来了一些棘手的问题,特别是那些以同情和怜悯为动机的对特殊情况的回应,或者那些有充分理由将个别人之需(如家人)置于全体社会成员的公平福利之上的人。在考虑这些之前,让我们更详细地考察一下"无偏私"这个概念。

无偏私的观点以每个人都是有价值的、都应该被平等对待这一原则为理论根源。无偏私的思考就是要求人们把自己从他们特定的环境和偏好中分离开,从客观、公正的观点出发去考虑身边的情况。这不意味着每个身处其境的人一定要被平等对待。区分作为平等的个体和接受平等的对待是很重要的(Dworkin 1977:227)。前者是无偏私的要求,后者则不需要。例如,在一个多人伤亡的事故中,要做出一个抉择,谁应该先被救。在这种情况下,几乎不可能对所有人平等对待。实际上,先救助受伤最轻的人可能是最明智的,因为他们能够对其他伤者提供帮助。虽说我们选择的解决办法优先照顾了一些人,但是只要这些办法本身是合理的,那么我们依然可以说,每个人都被视作平等的个体。

有时人们认为无偏私含有一个上帝观点,我们作为中立者需要跳出自己的视角,这当然是对的。我必须将自己考虑为他人中的一员。康德和更晚近一点的内格尔（1991）的道德理论是无偏私者的理论；二人都要求我们将自己视同他人，并判断当每个人的利益具有同等价值时，应该做什么。他们的理论都是义务论的理论，都包含应用于道德地对待所有其他人的普遍适用的原则，并且个人仅仅因为是道德理性人，就应该理性地接受这个普遍适用的原则。康德的绝对命令认为，我们不应该将他人视为实现自己目标的手段，这种理论是这类无偏私的道德思考的一个例子。相对而言，结果主义的无偏私者也始于每个人的利益都有同等价值，但他们将这些利益看作是需要改善的目标。无偏私在这样一个事实中被清楚地表达出来：一些人（我自己或者其他人）的私人利益为了最大化整体的利益可能会被牺牲。皮特·辛格的观点是富裕国家的市民有义务去减轻全球穷人的困苦，因为我们自身可以不必遭受同等程度的痛苦来实现它，这是无偏私的结果主义逻辑。（辛格的观点事实上是消极的结果主义理论，因为我们只有义务去最小化困苦，而不是最大化福利。）辛格坚定地认为，地理上的接近和其他形式的亲缘不应对这个义务的力量产生影响。"我们对自己身边的人会产生私人的关系，这一

第二章 利他主义、动机和道德

事实可以使得我们更有可能帮助他,但这并不表明我们应该帮助他而不是帮助离我们很远的人。"(Singer 1972:232)一个解释无偏私的进一步的方法是通过一个"理想的观察者"的概念——具有无任何偏私地考虑事情或不违背其他道德逻辑的能力的人。然而,实现这种状态是一个非常大的挑战,它需要应对一个批判,即理想的观察者与实际情形距离太远,以至于无法准确理解其中人们的生活(Jollimore 2006)。

利他主义者更紧密地接触实际。世界上有很多善是简便易行的,利他主义者时刻准备着为某些事——通常是他们最熟悉的,而作出牺牲。这样一个利他主义的重要要素,至少根据一些观点的解释,是自由裁量的因素。利他主义者因为他们的善行而值得称颂,但不应因他们没做其他善行而受到指责。有时这是一个自觉选择的问题,有时则不是。我将作出理性的决定去支持一个慈善机构,但也可能放弃,转而同情并帮助站在我面前的乞丐。无偏私者和利他主义者会同意我们应该(通常至少)促进他人的利益,而不是我们的私利,做一些好事比不做强。然而,当一个人选择去帮助他们的家人、朋友、邻居或者同胞,而不是可能更需要帮助的陌生人,无偏私者对此就持怀疑态度了。即使我们感到非帮助最近的和最亲的人不可，这也不意味着我们不能培养自己扩展我们道德同情的范围。毕竟，无偏私者试图说明，动机是一码事，正名却是另一码事。

这种困境的一个出路是通过说明客观的立场是利他主义行为的必要特征，将无偏私和利他主义在概念上联系到一起。这是内格尔（1970）的策略。从客观的角度看，一个人只是其他人中的一员，通过客观角度进行的描述"无须使用第一人称或者其他的反身标记①"（Nagel 1970：101）。这样，能适用于一个人，必能适用于所有人。另一方面，主观的角度则是用一个特定的眼光来看待世界。利他主义不属于后者。然而，这似乎是违反直觉的，同时（正如我们所探讨的）可能会抛弃利他主义者的动机根源。

另一个策略是布莱恩·巴利（Brian Barry 1995）等提出的，即划分第一级道德原则和第二级道德原则。其含义是无偏私只是应用于第二级道德原则，这里没有要求人们表现出第一级无偏私。第一级偏私包

---

① 反身标记（token reflexive）：哲学家莱辛巴赫所使用的术语。如果一句话被称作是反身标记，那么对这句话的阐释就需要对说话人、说话的时间和地点或者说话的背景有具体的了解。——译者注

第二章 利他主义、动机和道德

括普通的,或许是平常的,在人类生活中有规律地发生的选择。我们完全可以接受一些我们日常的决定是有偏私的。实际上,例如当我们想到家长对自己的孩子的偏爱,我们很难找到他们不这么做的理由。这样,第一级无偏私给人们一些促进自己利益的空间,以及促进与其亲近之人的利益的空间。然而,这个行为在一个被定义为第二级无偏私的框架下运行。后者包含正义的原则和体现它们的制度性规范。这样个人可以根据自己的善心,自由捐赠他们的私人资源(或者选择把它们存起来),但通过采纳由税收福利制度所体现的社会正义原则,那些慈善家捐助的对象无论如何都能得到国家的救济。

第一/第二级划分似乎非常适合区分无弹性的义务和有弹性的义务,至少它考虑到了后者。诚然,照看自己的孩子是无弹性的义务,但在许多私人领域中却充满了有弹性的义务(例如,康德的行善的义务);相对而言,无弹性的义务是制度化的、规定在法律中的义务,它服从于强制性权威。这意味着我们可以乐于做第一级的利他主义者,而不是第二级的吗?恐怕不是。道德上的划分不总是与心理学上的划分相匹配,人们可能会对第二级的强制措施表示愤怒,并希望在每个阶段都成为彻头彻尾的利他主义者。相反地,如果我们强调无偏私,我们还能是纯粹的利他主义者吗?正像尤尔根·德维斯派拉尔(Jurgen De Wispelaere)所质疑的:"如果利他主义者的动机是无偏私,那么利他主义的情感是否过时了?"(De Wispelaere 2004:23)。当我们在第五章探讨利他主义和正义时,将会重新回到这些问题上来。

第三章

利他主义与进化论

我们已经考察了激发我们利他的动机和这种动机何以可能，但这并不能解释作为行为的一种形式的利他主义是如何产生的。在第一章，我们描述了利他主义在哲学领域的历史，并简要地解释了进化论如何影响着它的进程。本章，我们将考察一个不同的历史问题：利他主义行为是如何演化的？应该用什么来解释它？我们将看到"利他主义"和"利己主义"在进化论的词典里比起在伦理的话语里呈现出非常不同的意义。然而，在进化论的利他主义概念和道德概念之间仍然有一种关系，正像我们将要看到的。在对利他主义和进化的讨论中，很多学科交汇在一起：进化生物学、哲学、心理学、博弈论和进化伦理学这些宽泛学科，还涉及少量的社会生物学，通过这么多领域讨论这一个问题确实是一个很大的挑战。尽管如此，我们还是要继续探寻。

在开始之前，让我们试着用进化论的方式给利他主义下个定义。这一定义将解构更多的细节为本章的论证提供一个基本思路。在进化的背景下，利他主义所表现出的自我牺牲行为可以导致影响下一代的人类基因的增加。这样正像艾利奥特·索伯（Elliott Sober）所认为的那样，"进化论利他主义与行为的繁殖结果有关"（Sober 1998：462）。在这种定义下，进化论利他主义本身不涉及动机或者那些体现我们早期兴趣的行为的其他心理学途径。此外，索伯声称既然这一概念是关于繁殖结果的，而不是动机的，那么它就可以被应用到每一种类型的有机体里，而不仅是人类。进化论的利他主义观点并不特定关注道德的本质，这种道德被认为是一种社会欺骗。实际上，进化论的生物学家试图通过遗传学而不是文化或社会更广泛的思想来解释我们行为中让他人获益的倾向。

索伯有效地区分了进化论的和地方的利他主义，

后者涉及在日常意义上这一观念是如何被运用的。"日常利他主义在本质上是心理学的,而不是繁殖的和比较的。进化的利他主义则正好相反。"(Sober 1998:462)地方的利他主义是与人类行为相连而每日可见的利他主义,特别是它涉及人类自身的动机和天性。它是我们所希望的更多存在于社会的利他主义。它也被生物学家提及,并看作是心理的利他主义(Sober and Wilson 1998)、原生态利他主义(Ruse 1990)或人类利他主义。相对而言,进化的利他主义并没有被限制在人类行为之中。正如索伯所言:

> 进化论的利他主义可以在没有思维的有机体身上发生;进化论的利他主义包含可繁殖利益的捐赠。进化的利他主义是关于行为的繁殖结果,它没有伴随指导行为的直接途径(心理学的或其他)。
>
> (Sober 1998:462)

最近几年,很多注意力都集中在用自利的和非自利的行为解释进化论的观点,这体现在很多使生物哲学和进化论通俗化的书中。围绕着利他主义问题的主要争论是关于是否存在一个进化论理论中真实的非自利行为的空间,特别是那种(本土的)利他主义,它要求有道德的行为。珍妮特·拉德克利夫·理查兹(Janet Radcliffe Richards)就指出:"道德行为,无论它的细节是什么,一定要包含为他人的善而约束个人自身利益的能力,或者符合其他道德原则的能力。"(Radcliffe-Richards 2000: 154)比较自身和他人的利益和至少有时是前者应该屈从于后者的观念,假设了一个道德自主性的概念,只是这个概念体现了进化论的观点在动物行为上的缺席。

实际上,因为一些进化论的生物学家相信动物(包括人和其他动物)会天然地只寻求自己的利益,所以他们很难解释利他主义是如何发生的。由于被他们更自私的同伴掠夺,利他主义者应该很快就会灭绝。然而,很多解决这一问题的办法被提出,所有对这一问题的探寻都表明了利他主义是如何坚持的,甚至是繁荣的。例如,索伯(1998)认为,进化论的利他主义在本质上是通过比较实现的。尽管,通过这一点,他的意思是,以个人的繁殖成效的方式,它趋向于自利要好过非自利;一群利他主义者为他人提供利益,此时,如果一个人生活在利他主义者之中,他就更可能成为利他主义者。这是进化论解释的关键部分,这种解释是关于如果只关注繁殖成效,那么利他主义如何在自利的世界中坚守,这一点我们将在下文看到。

生物学和道德的关系有一个丰富的历史,例如,拉马克(Lamarck)或奥古斯特·孔德(他捍卫了一个大脑的科学)的成果比较突出。但对于是否和如何使一个人可以继承一种道德倾向或者是非感,查尔斯·达尔文(Charles Darwin)在《人类的起源》(1871)一书对这一问题给以最清晰的说明。达尔文认为,一个人可以用群体选择的方式解释利他主义。当一个利他主义者因他们的利他主义倾向而遭受困苦时,他们的群体会给予他利益,因此,即使个体消亡了,群体也会因他们成员的利他主义倾向而生存繁衍下去。换句话说,对达尔文而言,利他主义可以通过群体的适合度进行解释,它是以牺牲个人的自我保存为代价(Rosenberg 1998)。("适合度"这一术语是衡量人口存活的能力,这也是自然选择的程序。人口数量的比率与需要将人口保持在一个不变的范围内的人口数量相关。)

在无私行为的发展中,同情是达尔文的关键。据达尔文所言，在同一共同体内，对他人的同情的演化和相关行为是对生存有益的，从被社会生活所赋予的利益开始："对于那些通过生活在一个紧密的共同体中而获益的动物，那些在社会中乐于交往的人更容易从各种危险中逃脱；同时，那些不愿照顾同伴、独自生活的人会大量的消亡。"（Darwin 1874：102）达尔文将同情定义为因其在社会群体中的职责功效而具有特殊的价值：

> 然而，在一个复杂的种类里这种感觉可能会产生，因为相互救助、相互保护对所有动物都有很大的重要性，这种感觉会通过自然选择而增加；那些包含大量有同情心的成员的公共体，将会很好地发展，能够大量地繁衍后代。
> （Darwin 1871：103）

对达尔文而言，同情是人类道德的根源。（他的观点看起来应该部分地归功于英国经验主义道德主义者，比如沙夫茨伯里、赫起逊和休谟。）然而，向所有我们特有的感觉和行为方式一样，同情有一个复杂的形成历史。达尔文写到，并不清楚这些行为是"通过自然选择而获得的还是间接地来源于其他天性和能力，比如同情、理性、经验和模仿的倾向，还是再一次只是源于他们长期形成的习惯"（Darwin 1874: 103-104）。

达尔文对利他主义持续存在的解释取决于他如下的观念，即自然选择是在群体中发生，而不仅是在个人中间。等位基因（同一地域的一组基因，如一个物种），会因它带来的好处而在一个群体中代代相传，一些成员的部分有遗传学因素的利他主义行为会通过改善他们的进化适合度来使群体受益，即使与此同时利他主义者可能会面临各种为支持共同体而牺牲他们繁殖的利益。这个理论起初，被维恩爱德华（V. C. Wynne-Edwards）在1962年用利他主义的方式清晰地表达出来。作为一个生态学家和鸟类学家，他通过对饲养行为和鸟类的群体构成的观察发展了群体选择的观点，这主要来自他对松鸡的研究。维恩爱德华注意到，松鸡在群体受到食物短缺的威胁时，有时会停止繁殖。他认为动物的大量聚集，如鸟群，可能会判断它们的规模与它们食物供给的关系，并通过放弃繁殖来确保群体的生存（Wynne-Edwards 1962）。

然而，群体选择理论被强烈地批判，其中最主要的批判是群体中的利他主义者可能会很容易被群体中的自利者削弱,自利者充分利用利他主义行为所带来的赠予、共享和自我牺牲,造成利他者付出代价使自利者繁荣的结果。马特·里德利(Matt Ridley 1997)就质疑那些对群体(或是种群)是好的,但对个人是坏的的行为是如何发生的。根据博弈论(在下文将会探讨),只有个人才有利益,像群体这样的实体不存在利益。这里没有一个使群体生存起作用的前提条件,使得它能够为个人行为指引方向。里德利认为可以说:"生物学家彻底地破坏了整个群体选择的逻辑。它现在成了一个没有地基的大建筑。"(Ridley 1997:175)沿着相似的批判足迹,约翰·梅那德·史密斯(John Maynard Smith 1988)将群体选择解释为过分乐观的谬误,他提到了伏尔泰的小说《老实人》中的人物潘格罗斯(Pangloss)医生(对莱布尼兹[①]的一个讽刺),潘格罗斯就认为这是一个美好的世界,每一个事物都是美好的。梅那德·史密斯不认为有什么特殊的原因能支持群体选择理论允许为了群体的利益而进行最大限度的调适。这就像为了共同体而适应有害的结果。然而,还不能肯定利他主义就是要要求进

---

① 莱布尼兹,德国自然科学家、哲学家。——译者注

行最大限度的调适,即使它回应说大部分调适都是无害的。

生物社会学

就像我们提到的,生物社会学是对利他主义和进化论同样感兴趣的另一个学科,实际上,它是更重要的学科之一。"生物社会学"一词是由威尔逊(E. O. Wilson)1975年在他的著作《社会生物学:新的综合》中提出的。这一学科是研究各种不同关系的本质,这种关系存在于有机体之间。特别是,它试图理解社会行为和进化论结果之间的关联,甚至用事实证明在二者之间存在重要关联。正像丹尼尔·丹尼特(Daniel Dennet)所注明的,生物社会学大概应该是理论生物学一些最重要的贡献产生的根源(Dennet 1995)。生物社会学家对用进化论来解释利他主义和利己主义行为的现象产生了极大的兴趣。然而,生物社会学家总是急于推断结论,他们往往得出人类的道德行为只是源于基因的调适:他们所提出的论证通常是不具有说服力的。他们试图模糊上述提出的严格进化论的利他主义定义和道德——或者说地方的——定义之间的界限。

首先,这种被道德哲学家称为跳跃的方法是有缺陷的。进化只是个过程。我们可以被赋予从人类(和其他动物)已经发生的道德的或其他的行为中得到一些结论的权利,但我们不能将关于我们该如何行动的道德价值看作一系列进化事实的基础。其次,正像斯蒂芬·杰·古尔德(Stephen Jay Gould)所指出的,基因调适与行为的关系在人类中比在其他物种中更为复杂,因为社会和文化因素对人类行为有着深远的影响(Gould 1980)。为了实现公平,一些生物社会学家考虑到这些问题并收回了从基因学到行为的简单推论。但并没有完全撤出生物社会学,因为面临一些困难,最好是将它显示出的问题看作是进化伦理学的部分挑战。有必要对道德哲学家所理解的道德内容和道德起源的进化论(包括生物社会学)式解释之间的关系采取进一步论证,因为这样一个理论将有巨大的解释力和规范的建构。道德哲学家只是告诉我们去做在进化上有能力做的事;相反地,生物社会学家只是试图说明我们实际上是如何行动的。

第三章 利他主义与进化论

亲属利他主义

就像我们看到的，一个困扰着进化论理论家和生物学哲学家们的关键问题是：是否利他主义是完全可能的，假定一个人的自私行为比起他们的利他行为更可能成功进化，是否利他主义是完全可能的。进化论理论家由此试图理解通过利他主义获得一个进化的竞争优势是如何可能的。当我们从遗传学的角度看待利他主义时就存在一个问题。如果基因是行为的关键，那么重要的就是如何使一个有机体的行为能通过个人的基因延续到下一代。有机体为了最大化这种情况发生的机会而被人为安排。如果利他主义包含自我牺牲的行为，所有有机体的能量都集中在支持其他有机体上，而不是自己的基因繁殖，那么利他主义个体就会很快消亡。然而，如果我们高度评价非自利的行为，至少在人类社会，进化论的观点似乎认为这些行为是与长远考虑相违背的，因此利他主义作为特征将不会存在。利他主义不仅仅是一个进化上的稳定行为的策略。在进化的范例里，利他主义者只有当他们享受由于他们的利他而带来的适合的利益时，才能延续下去。显然，如果利他主义严格地按照非获利、自我牺牲来定义的话，那么这种延续就是不可能的。然而它确实被定义出来了，进化论面对的问题是解释利他主义现象——存在于从昆虫的行为到人类行为——如何能明显地延续下来，同时这种现象也与自然选择的一般理论不相符。

进化伦理学和进化心理学都试图通过发展合作策略的观念来解释利他的和道德的行为来源。在人类和其他复杂的哺乳动物中，这种策略都是十分复杂的，它们构成了一个真实的社会和政治环境，利他主义在此处是一个成功的调适过程。对这些问题的讨论，有一个复杂的历史，在此我们不可能深入到问题的细节。它的核心之处是减少对基因层面的解释，其中的问题是有机体应该为了最大化它的遗传信息，通过繁殖传送到下一代的机会而采取行动。

合作策略理论开始于对解释的两个标准的区分：有机体和基因。如果问题是基因的传递，那么一个有机体可能会放弃繁殖，尽管它可以通过亲属的存活向下一代传递一定比例的基因。（有机体间的关系越近，基因共享的比例就越大，所以理想的关系是一种很近的关系。）之后，合作理论都声称两个亲属之间的合作行为相对于竞争行为，以遗传学的繁衍方式来看，如果有关系的话，对两个人都更有益处。

亲属选择是合作策略理论的一个例子（一会儿我们将分析其他例子）。"亲属选择"这一名词和围绕它产生的观念被威廉·汉密尔顿（William Hamilton 1964）通过在膜翅目昆虫（大量群居的昆虫中的一种，此类昆虫包括锯蝇、黄蜂、蜜蜂和蚂蚁）上的研究发展出来，它是群体选择理论的修正理论。亲属选择理论支持生物社会学家的逻辑和达尔文关于昆虫的利他主义思想，这在《人类的起源》中有所体现。实际上，这一思想可以再一次追溯到《人类的起源》一书中。

> 显然，人类直觉的天性有不同程度的力量；一个野蛮人也会为救同一共同体内的成员身处险境，而完全不关心陌生人：一个年轻、胆小的母亲被母性本能所驱使，可以为了自己的婴儿毫不犹豫挺身走险，但绝不会为仅是同类的伙伴去这样行事。
>
> （Darwin 1871：87）

如果基因增加了个人的适合度，它可能在群体中扩展。如果利他主义被看作是增加他人适合度的因素，那么它就会在群体中频繁地增长，而不是消亡。通过分析代价、利益和相互关系之间的联系，汉密尔顿表明了利他主义在自然选择的过程中存在、蔓延的可能性。代价和利益以繁殖的适合度的方式被衡量：使个人更可能传递他的基因的行为方式是利益；如果不可能则是代价。共事关系测量了利他主义者与接受者共享的同源基因的数量。如果在基因和行为之间有一个亲密的关系，那么当依据他人的利益大于代价时，利他主义作为一个因素会蔓延到整个群体，但这依赖于利他者和受益者的共事关系程度。利他主义者与受益者关系越紧密，利他主义因素就越可能被二者拥有。

汉密尔顿理论的结果是有机体对亲近关系的人比对陌生人更可能利他。不只这样，而且越是关系亲近的有机体，它们越有可能成为利他主义者。实际上，一个利他主义有机体可能完全放弃繁殖的机会，并将全部的努力用于确保亲密家庭成员的成功繁殖，它的基因就是代表性基因。汉密尔顿理论说明，这对于群居型昆虫是真实的，比如蜜蜂。

重要的是记住，尽管"共事关系"和"亲属"用于这里，选择的过程完全受到遗传因子的影响（Ruse 1973：58）。是由于基因的缘故，使得"想要"尽可能多地将自己复制到下一代里。理查·道金（Richard Dawkin）支持这种基因中心论，他的著名观点是：有机体本质上是基因搬运工，是基因促使有机体复制自身，而不是其他（Dawkins 1976）。利他主义只是基因的一种意向，它使合作的行为更加普遍化。就像迈克尔·鲁斯（Michael Ruse）分析的那样，利他主义是一种我们用基因进行自我搪塞的集体幻觉（Ruse 1991：506）。

一些读者会认为，这是将意向强加给基因，而这些基因显然没有。生物学家和生物学的哲学家用讨论遗传学的繁殖这样一个简单的隐喻方式，捍卫这种策略和意向的话语。然而，亲属选择的简化论、生物社会学和其他基因中心论并未能不遭到它们的批判。詹纳·汤普森（Janna Thompson 1982）指责生物社会学只会做些无序的收集和与生物学和社会学有关的模型，而不是一个真正的学科。她说明了当从一个视角对其进行批判的时候，比如一个生物学的视角，生物社会学会用社会关系为其辩护，反之亦然。特别是，她批判生物社会学的态度从强烈转向一个较弱的态度；后者的依据更充分，但不是特殊的生物社会学。这样，当对生物社会学的批判是源于以下观点的时候，即持有利他主义行为只是生物学上的安排，对"利他主义"基因的保存使利他主义会随着时间而延续下去，生物社会学者趋向于退守到一个缓和的观点，即对他人友善：

> 这样，根据他人在生物学意义上与我们相关的程度，我们不再有成为利他主义者的渴望，但一个更加普遍的对人友善的渴望围绕着我们。有时渴望本身是无力的：它总是在那，但会被意外事故所忽视。通常为了站在安全一边，生物社会学家会同时赞成或忽视这些天生的偏好和积极性。
>
> （Thompson 1982：33）

在这种压力下，进化论的利他主义定义似乎变成了本土的观点，它包含了自主性、动机和相伴而生的非生物学起因等所有问题。

第三章 利他主义与进化论

互惠的利他主义

亲属选择和其他试图解释利他主义如何进化成功的理论的支持者也在探讨合作行为的相似类型的进化论源泉，比如互惠。我们在早些时候曾讨论互惠被认为是一种道德观念的可能性有多大；这仅是被作为一种策略来对待（不像霍布斯对黄金法则的谨慎的解释）。当互惠作为策略和行为典范，个人为了增加他们生存机会而采纳它，或者实际上实现了更多一般性目标的时候，进化论的理论家对合作和它的组成成分的分析就变得非常复杂。最初，博弈论作为工具在经济学的领域塑造和预测行为，这种方法被有效地应用于进化论的行为中，它塑造和预测了有机体（植物和动物）如何回应其他有机体的行为。如果繁殖行为或对繁殖策略产生影响的行为能够被塑造和预测，那么可以得到一种对繁殖结果的理解，包括在群体里是否某种因素可能被延续。

博弈论认为自身关心的问题应是合作和不合作的行为有多大的距离，这些行为可以通过塑造在各种各样的假定或游戏规则下的有机体之间的合作关系被预测。特别是博弈论将有机体作为竞争者（在自然选择中反映出"适者生存"）来对待，其中有胜利者和失败者，或者，更一般而言，使当事人"赢利"。博弈论首先被约翰·梅纳德·史密斯（John Maynard Smyth 1988）应用于进化生物学。进化的方法是不要求参与者有因人而异的理性策略的能力的方法，比如选择、计划和估算的能力；在一定程度上，非人物种的有机体通过基因产生针对参与者的策略——它们不肯用其他的方式行动。具有决定性的是看哪一种策略在最大化适合度上是最优的，或者哪种策略能给群体带来稳定。塑造有机体可能产生的行为，这一策略通常是以组织博弈中参与者的相对得利或者损失的具体形式开始的。

博弈理论中最著名的博弈是囚徒困境，它与利他主义特别相关。这里，参与者显示出合作（利他主义行为）或者背叛（利己主义行为）的策略。如果双方都合作，那么参与者双赢；如果双方都背叛，那么参与者都损失。然而，如果其中一个参与者背叛，而另一个合作，那么前者获益，后者则处于比都背叛还差的境地。因为在囚徒困境中（实际上在所有博弈理论中），双方都不知道在自己选择策略的时候对方会采取什么样的策略,双方都有一个强烈的背叛动机,由此享受仅次于双赢的好处。对利他主义的存在担负责任的进化生物学家,他们的挑战是要表明此种情况下合作如何实现。非常复杂的方案和合作通过博弈和再次博弈(反复博弈)被塑造,这同时也是参与者从他们获益经历中吸取经验的过程。

互惠利他主义这一名词是由罗伯特·特里弗斯(Robert Trivers 1971)创造的,它是表现出渴望从他人处得到预期收益的利他主义。它并没有限制在亲属中间。博弈论通过塑造个人在表现出只有当接受者有所回报时,自己才运用利他主义策略这一理论,使它成为互惠利他主义的理论来源。这被罗伯特·爱克思罗德(Robert Axelrod 1984)称为"以牙还牙"也被通俗地表达为"如果你为我挠痒痒,我就为你挠"。(如果互惠从道德上解释:每个人应该遵守对他人的约定,通过这种方式他们将愿意看到他人为了他们而行事,之后,我们有一个黄金法则的标准版本——"像你希望他人如何对待你一样去对待他人"——但博弈论并未对参与者的道德感有任何约束,也没有刻意削减它。)

爱克思罗德在他的电脑程式竞赛中塑造了互惠的

观念，在这一竞赛中，各种各样的人需要提交在囚徒困境中博弈的竞争策略。其中具有支配性地位的策略是由阿纳托·拉普伯特（Anatol Rapoport）提出的"以牙还牙"策略，它是指第一个回合（反复）选择合作，在下一回合是否选合作要看上一回合对方是否合作，这样如果参与者 A 合作，参与者 B 下一回合则继续合作；如果 A 选择背叛，则 B 也会选择背叛（Axelrod 1984）。拉普伯特击败了其他选手提交的竞争策略，他的成功表明那些没有施惠他人的人忽视了之后的博弈环境，不合作的行为受到了惩罚，同时只要互惠行为在双方中延续，那么参与者就会持续获益。考虑到对参与者可能从他们的经验中学到的能力的最小假定——但不是假定合作在道德上是更好的行为——，爱克思罗德发现以牙还牙导致了永久性合作的平衡，因为当囚徒困境被反复博弈时，它为双方带来了最大的利益。这一结果的意义在于它表明利他主义如何能作为一个稳定的结果而出现，甚至当在为了生存的斗争而无道德的世界里，没有人将它作为首选的行为方式时。

尽管如此，以牙还牙被批判为没有反映真实的利他主义，因为它只是一种善行的交换（或者是非善行的交换）；一个表现出假定会有报偿的行为。当然，在某种意义上，它是非常正确的。博弈理论的实践者并不对出于他人的理由使他人获益感兴趣。但我们必须小心对待我们在进化利他主义和本土利他主义之间的区别。互惠在本土意义上很少被看成是利他主义的，但在自然选择的道德泯灭的社会里，被用结果而不是目的定义的利他主义行为只是更加倾向于合作的策略。

在最初的博弈论竞赛后，随之而来的包含更复杂博弈的比赛试图在原始环境下塑造更加复杂的变数。其中的一个例子是社会生态学的比赛（Axelrod 1986）。之前比赛的得分程序被解释为适合度的程度，而在这里，被依次解释为会在下一代产生的后代有机体数量。从一个平等的程序（有机体）代表开始，环境因程序的失败（有机体灭绝）或成功（有机体存活）而变化。爱克思罗德描述道，在反复博弈的过程中，以牙还牙再一次胜出，不是因为他击败了对手，而是得到了合作的回报。在比赛的设计中，如果将生存和灭亡作为塑造的对象，那么合作行为仍然是成功的，它支持这样一种观点：尽管很难举出纯粹利他主义的例子，互惠和利他行为至少可以进化到一个稳定的阶段，并在群体中延续。

另外一种被发展的模型可能改善了以牙还牙的理论，比如菲力普·克尔齐（Philip Kircher）在博弈理论中就介绍了涉及被称为"有差别的利他主义"（Kitcher 1993）的理论。他将问题集中在人类利他主义是如何可能的，克尔齐的观点所考虑的是"认知的成熟的有机体"的情况，这种情况并没有局限在博弈理论中，而是可以选择对抗或不对抗他人——或者只选择一部分人对抗。在博弈之前，参加者可以明确知道所面对的对手的类型，在决定如何与他们对抗时，使用有差别的策略。克尔齐的观点是：

> 差别的利他主义者（DAs）时刻准备着和那些从来没想背叛他们的有机体博弈，当他们博弈时，通常出现的情况就是合作，倾向背叛的参加者（WDs）总是准备着背叛，他们通常会退出。那些选择性背叛的参与者总是准备着与任何一个从未背叛的参与者博弈，然后通常选择背叛。
>
> （Kitcher 1993：501）

比赛的目的是表明合作者可以进化和延续，尽管在自然选择理论中是强调利己的。但模型的结论是，合作是有意义的。

对合作进化论以塑造的方式进行研究反映了对部分博弈论的持续关注，这是通过试图理解进化利他主义和人类社会中道德行为的发展之间的关系而实现的。例如，爱克思罗德就试图介绍作为策略之一的惩罚在博弈比赛中可以被采纳，用来迫使和加强其他参与者的合作行为。他通过介绍"元规范"（meta-norms）使博弈进一步复杂化。"元规范"是指没有成功惩罚不合作行为的人自身将依次受到惩罚（Axelrod 1986）。其他博弈介绍了这样一种观点：参与者为自己赢得荣誉（例如作为严格的惩罚者或合作利他主义者），因此他们的行为可以被他人准确地认知和回应。这些创新背后的观念是理解合作如何通过他们对特定"规则"的坚持而在群体中延续。那些坚守能够促进群体繁荣（塑造成功进化）的规则的参与者被爱克思罗德定义为利他主义者，但并不是每一个参与者总会这么做，因为经常出现在博弈论中的情况是，每个参与者也都有提高自身利益的要求。

在介绍惩罚和其他准则时，博弈论做出了一个关键性的转变：它现在不仅仅是要描绘合作如何产生，也要理解规范性价值在高度复杂的人类行为社会里是如何演变的，实际上还指定了我们行为的几种路径（Dugatkin 2002）。当然，正如我们所讨论的，惩罚和报偿是第一道德：仅由于一个人知道如果自己因为没认识到自身错误的行为就会被惩罚，所以个人应避免这样的行为。但当个人反思为什么他们易受惩罚时（我们将在下一章看到，成熟的道德感如何在儿童之间演化的），第一道德可以演变成全面道德。但博弈论的问题是拥有充分成熟的认知能力的参与者去追求获得报偿和避免惩罚的策略，并相互惩罚和施恩，这似乎融合进了个人的主观意念，包括他们自身的欲望、渴望和目标。有意向的个体不仅对电脑来说很难模仿（电脑程序没有主观意向），而且他们也超越了进化利他主义的解释框架，这是与下述观念相一致的，即个人因自我保存的目的被驱使进行相互合作或竞争。

之后的基本问题是博弈论是否充分地解释了利他主义。如果互惠的和合作的行为真的试图保护利他者基因和这些基因在后代中被复制和显现的机会的增长，那么我们只能在严格进化（结果主义的）利他主义的层面解释利他主义了。这也是在更加纯粹（本土）的意义上解释利他主义，我们需要把更加复杂的因素归咎于博弈论的执行者，但这些是否能被充分地塑造，则并不是很清楚。当处理在一个大群体中进行极端复杂互动的有机体时，博弈论只有有限的解释力，而人类正是这样一群独特的有机体。

绿胡须利他主义

上文我们讨论了一种观点，它认为如果利他主义是演化的一个因素，那么它更可能在群体生活中实现，这里成员之间关系紧密。然而，这有更进一步的问题，即利他主义是否能够作为陌生人之间的行为而存在——毫无关系的有机体。绿胡须利他主义[1]试图处理利他主义如何在非亲属关系（陌生人）中进化。它依靠于这样的观点，即利他主义者可能会发展被识别的（表型的）特征，这使得他们被作为利他主义者而挑选出来——比如都长着绿胡须。在互惠利他主义中，为了回应他人，一个行为可以被策略性地转

---

[1] 绿胡须利他主义，或绿胡须效应，指一种与亲近程度有关的社会行为。在这种行为中，携带某一基因（绿胡须基因）的个体，其表现型（长出绿色胡须）可以使其他个体辨认其为亲属成员。亲属成员之间更可能出现利他行为，以此来更好地保存一个族群的延续。——译者注

换,通过"以牙还牙"的策略进行描述。绿胡须利他主义认为利他主义者可能会有被识别的特征,以至于他们可以联合起来,避免背叛。那些合作的人互相识别,那些不合作的人被排除在群体之外,最终消失。然后,一个自私的个人会尽力与绿胡须利他主义者合作,以避免不合作带来的惩罚性结果。最终只有利他主义者获益,因为利他主义者不会对非绿胡须者作出回应。(Fehr and Fischbacher 2005:73-84)。

这一观念取决于许多相互关联的因素的结合:一个人需要拥有利他主义的特征,并能产生一种典型的可遗传的标志(一副"绿胡须"),同时有在他人身上识别这些标志的能力。可能这些要求过多(Jansen and van Baalen 2006)。除了高度进化的记忆和被识别的能力,绿胡须利他主义者也需要从他人的行为中对他人进行非常熟练的推理和判断,但除非在标志和有机体的利他主义行为之间有一个必然的联系,否则这是不可能的。费厄和费希巴彻尔(Fehr and Fischbacher)认为不可能只是以明显的、应遵守的因素为基础,完全将利他主义者与非利他主义者区分开(Fehr and Fischbacher 2005:73-84)。他们指出,在人类社会中,比如撒谎就不容易被察觉。假定不存在骗子——那些自私但有绿胡须基因的人，绿胡须们对自己的这一假定也表示怀疑。这种私心将很快深入人心，并且轻易就能剥削绿胡须，无须付出任何代价而获得利益。然而，根据弗兰克的理论，这种反对可以被如下观点反驳，即费厄和费希巴彻尔做的理论和经验的工作是关于参与者之间简短的合作（Frank 2005）。

预测他人利他主义的可靠性是一件非常复杂的事，因为它涉及深化一种观念的信号，即超越对他人特征的纯粹的模仿。长绿胡须是表明你是一个利他主义者的信号，或者趋向于与利他主义者合作，但这不可能是唯一的信号。许多复杂的行为和能力需要用来鉴别利他主义者，比如，信任。如果人类有能力去识别其他利他主义者，这将花费很长的时间去进化。弗兰克认为像这种预言性的能力只能在确定进化所需的情感和其他行为之后产生。他陈述道：

在观察得到的标志开始成为策略性信号很久之前，特定的情感和面部表情、眼球运动、嗓音的音量和音色、肢体语言和一大堆其他观察得到的细节之间复杂的和多元空间的联系被很好地确立。

(Frank 2005: 93)

　　因此,像允许个人模仿绿胡须这一信号化的东西的任何发展也将需要一定的时间,包括逆反应的时间或因应时间。一个有机体将需要培养自身识别、记忆和信任绿胡须利他主义者的能力,随着时间的磨砺,逐渐适应信号化的形式——这不可能在瞬间发生。结果,弗兰克认为感情的信号——一些复杂的信号——相对简单的信号而言,很难模仿。

　　弗兰克的论证有效地提醒我们,要认识到利他主义行为的复杂性。基因中心论的观点有一些解释力,并且对一些简单的互动是有说服力的,比如那些博弈论中的合作,但是它将一个有成熟社会行为的利他主义推入了另一些问题之中。尽管如此,进化利他主义的基因中心论的解释所面临的挑战仍然是解释利他主义现象是如何出现的,并如何成为它现在这个样子:一种道德现象。现在我们转而思考我们所研究的作为一个进化策略的利他主义,是否能证明我们对利他主义的理解是将其作为道德的一部分的。

第三章 利他主义与进化论

进化利他主义和道德利他主义之间的桥梁

就像我们所认为的，大多数成熟的博弈论所试图模仿的处罚和补偿的语言是第一道德，同时它也带来了一些问题，如纯粹的道德是否从惩罚和获益的制度中进化。进化论理论家托马斯·赫胥黎（Thomas H. Huxley 1898）认为任何一个想发展成社会的动物群体都会将惩罚和奖励看作是决定性的机制。如果他们这样做了，那么惩罚、奖励和对他们的回应将作为典型的规则和社会建构被制度化。在他的罗马式的讲座中，他认为，在人类社会，这种制度化被看作正义渐渐被人们熟知。作为人类，我们根据自己判断的他人的应得而彼此惩罚和奖励，赫胥黎认为，赏罚功过包含对他人动机的识别。这是很重要的，因为正确动机引发的行为给我们一个实现真实的道德观点的契机（仅仅通过施加的惩罚和奖励是不够的）。赫胥黎所思考的是利他主义如何能够作为再生机制将自身改变成一个可被编码化的行为。

赫胥黎将人类道德的发展看作是与自然选择和适

者生存的斗争过程，因此，正像他所认为的，道德的运行过程与宇宙的运行过程是正好相反的（Huxley 1898）。善良和德行在他的观点里，与导致成功进化的方法——无情的自利是截然对立的。更近一些，其他道德精明的理论家提出了他们自己对道德的进化之源的理解。比如，人类学家克里斯托弗·贝姆（Christopher Boehm 2000）强调权力和对冲突的抑制是第一道德，而不是惩罚和舍弃，在这里更多的是政治学意义上的，而不是社会学意义上的。贝姆提醒我们道德不能由对异常的回应而产生，而是涉及一个群体共有的对哪些行为是可接受的、哪些是不可接受的规范性认知。博弈论可以表明特定的策略是如何成功的，但我们需要一个比仅是提供这些作为一个群体的道德文化是如何积累起来的更好的说明。因此，关系到更广泛的人类互动可能发生的环境和背景的人类学观点是对进化论的一个有效矫正。

人类学家认为利他主义和其他"第一社会"的行为被固定在功能上支持群体的政治和经济需要的复杂社会关系范围之中。与博弈论相反，它们不能用个人策略来解释。对贝姆而言，人类道德的源泉不可能在处理冲突和它的将镇压行为法律化中找到。越轨对其他群体成员有害，他们的捕食取利都是群体中机能失调的行为，这样他们就会通过政治机构受到社会管理的压力。贝姆将简单的有机体联合作为政治互动的基本特征。此外，作为道德实体的群体也不仅只是对某些可接受行为的集体同意，更是通过一个可取的社会和政治生活的目的论概念来建构的（Boehm 2000：80）。

对道德行为的政治基础的强调使得贝姆认为，对他们所经历的被强大团体统治的怨愤，比如精英男性，能够导致被统治者的反抗。这种反抗的可能性，特别是它给双方带来的威胁，是原始平等主义的基础。这样，比如，处于统治地位的个人希望最大化自己的食物量，把其他社会成员置于经济压力之下，这需要对他们进行强制。这种对强制的强调听起来很像是霍布斯式的。如果它是这样，贝姆不可能再对道德源泉提供一个解释。在霍布斯的立场上，社会规范的权威性源泉只不过源于他们促进和平的能力；他们缺乏任何更进一步的规范性内容。然而，与霍布斯比较而言，尽管他的反抗论点带有明显的霍布斯哲学味道，但贝姆有一个成熟的群体福利的概念。例如，可以表现在一个群体显示出的对越轨之人的共同回应：就惩罚展开争论，并最终得出一种倾向，这种倾向表达出对一种特殊的道德观点的采纳（Boehm 2000：81）。

由贝姆解释的利他主义和道德的观点超出了先前所讨论的利他主义行为进化的博弈论模型的范围。这种需要特殊道德行为的修正观点，要求具有一个远比器官在自然选择中的进化更复杂的规范的能力。比如，群体中的通过男性精英征服属下的非支配性的规范理想要求一组交往的技巧、定向目标的理由和其他复杂的能力。然而，道德进化深层次地涉及文化和知识；这大大地超越了器官进化的方式，并更好地使道德的特定作用成为可能，比如，就像眼睛使我们看见（Katz 2000）。然而，这并未意味什么，因为贝姆将他对道德如何出现的说明与社会组织的发展相连，组织的本质是要塑造已经出现的道德。简单地说，贝姆所指的道德可能在社会交往方面相对并不普遍。相对而言，大多数道德哲学家相信存在一些基本的、独立的道德要求超越于社会组织的可供替代的形式（因此提供了一种批判的观点），即使与此同时，他们在这些要求的内容上，也有很大的分歧。

在索伯和大卫·威尔逊（David Sloan Wilson）的非常有影响力的著作《施于他人》（1998）中，二人也试图探究无私行为的进化起源和作为道德重要部分的利他主义概念之间的关系。索伯和威尔逊强调,他们的理论是一个"解释伦理学"的方案;他们试图去解释我们道德的观念是如何产生的,而不是对这些观点是什么作出一个标准性判断。道德的证成是一个完全不同的路径。他们的著作是非常有帮助的,原因之一是它指明了解释伦理学的局限性。更进一步,他们论证的一个重要部分是表明对进化生物学——利他主义产生于群体选择——观点的弃用是无事实根据的,而且,在某些情况下,是荒谬的。索伯和威尔逊认为,在相当多的技术性细节下,群体选择——利他主义者找出其他利他主义者——是可行的,并且可以促进利他主义的进化,此外,一个利他主义也不仅限于亲属关系。然而,他们很小心地强调进化(结果主义的)利他主义和心理学(本土的或是日常的)利他主义不是一回事,这一点不应感到有疑问。他们的兴趣在于小心地探究以进化论的方式来描述利他主义与动机心理学有什么关系。这样,在描述与规范之间仍有一个未能相通的鸿沟。

  索伯和威尔逊认为,文化在人类进化的过程中扮演着重要的角色。通过为利他主义行为提供报酬和为自私行为提供惩罚,它扩大了前者的人群,使利他主义行为更加流行。这样，合作行为在某种程度上通过使其增强的文化和社会准则得到进化，并辅助群体选择。他们承认，群体选择的证据在人类社会中而不是非人类空间里是试探性的，但声称这与在人类中施行可能产生相似的影响（Sober and Wilson 2000）。最后，以此为基础可得出，利他主义行为出现的动机是利己的——为了避免惩罚、得到奖励。然而，进化利他主义只与行为的影响有关。人们开始履行利他主义行为的原因最终可能是源于私利（这样并不是在道德的意义上利他的），但这种准则的发展会为社会带来有益的后果——通过对道德准则的借用。然而，尽管利他主义的根源可能会涉及利己的因素，但这并不是说现在作为一个心理学和道德现象的利他主义应该包含自私自利（至少并不是它的全部）。索伯和威尔逊并没有犯遗传学的把一个东西和它的起源等同起来的错误。现在利他主义者不仅是试图避免惩罚或者获得报偿；他们更渴望满足他人的需求和愿望，或者他们认为利他行为是一件正确的事。就像我们在上一章看到的，把利他主义行为描绘成多元行为可能是最好的办法。

  索伯和威尔逊在他们描述道德的进化论起源时引

入了"动机多元主义"的概念。他们声称,这是描述人类互动的最有效的方式,或许还包括较随和的动物,沿着博弈论的趋势将利己的和利他的动机相分离。动机多元主义认为,我们可以被利他的、利己的和快乐论的欲望所驱动;在一些行为中,这其中的一个更加盛行,在另一些行为中,它们同时发生。这有两种类型的动机多元主义:第一种是指一个人由不同的动机产生不同的行为;另一种是两种欲望同时影响一种行为。这种方法与康德提倡行善精神的道德主张截然相反:康德的主张是,如果他的动机不是因为理性的作用,那么他的行为不能有任何道德价值,比如自利的动机和/或基于欲望的动机。

但再一次说明,动机多元主义是一个描绘性概念——它并不能提出我们该如何行动,而只是试图去解释我们所做出的行为。他们所举出的例子是在说明利他主义信念比快乐论更适合促进一个儿童的福利(比如那些对自己的孩子感到忧虑的家长),因为这些趋向于产生行为,并作为对未来的一种规划,而快乐论则可能产生也可能不产生所要求的行为,并且即使产生,这种行为也是短暂的。这些感觉没有任何信念,对每一种情况都会有一个新的理由。快乐主义者既要求具有他们的孩子需要帮助的信念，也要求具有利他行动会促进快乐、缩小痛苦的信念。索伯和威尔逊得出结论：在这种情况下，在确保对下一代的亲代养育上，利他主义比享乐主义更加可靠。对于第二种类型的多元主义也是如此。这里只有享乐主义是失败的，因为同时拥有利他主义（我的孩子需要帮助）和利己主义（帮助孩子可以满足我的兴趣）的动机能够尽可能地最大化行为发生的机会，这样可以使孩子在最大限度内获益。索伯和威尔逊认为，我们人类的环境对我们的要求导致我们进化成动机多元主义者。这一观点未能很好地在进化利他主义、心理学利他主义和道德利他主义之间搭建一座桥梁，但它确实缩短了它们之间的距离。然而，他们的动机多元主义的观念补充了被贝姆的观点所要求的复杂性，这种复杂性包含了社会互动对个人提出的一系列要求。

在这一章里，我们探讨了作为一个行为，利他主义是如何演化的，我们探讨了在生物哲学中的争论，它们都是在赞同或反对利他主义的充分可能性。我们已经知道一种利他主义行为的进化论解释为如何以我们的方式行动提供了深刻的见解，但对进化的描述，尽管看似可信，但并没有摆脱它的困境。更进一步讲，对动机的根源进行的描述性说明，不管它有多详细，都未能指导我们究竟应该做什么，特别是什么样的利他主义者是我们应该追求的。这仍是哲学的未解之谜。我们将在最后一节重温这些问题。然而，在下一章，我们将为人类利他主义考察一种替代性的解释模型：社会心理学的利他主义。

第四章
利他主义的人格

对利他主义的心理学解释

我们在上一章看到,用进化论的方法解释利他主义使其遗弃了利他主义最有特色的成分:帮助他人的动机。这样理解的利他主义只能是被看作一个自利的策略形式,更多地像一个人应该如何容忍他感到反感的人,但没想到会把自己置于这样一个环境:一个人可以稍后向他们提出报偿的要求。自利是一个责任缺位的立场。我们只能探寻对它的解释,而不是去忧虑

第四章 利他主义的人格

为什么人们一般都向前走。尽管我们看到了一些进化利他主义的解释，即承认存在着一种真实的利他主义行为，但他们还是未能建立起对这种行为的解释和道德动机之间的桥梁。在这一章我们将考察社会心理学对研究利他主义的贡献。这里我们将有大量的工作用科学的严谨逻辑去分析为什么人们（至少是有时候）把他人放在首位这一问题。

摆脱对物种求生的叙述，即试图以生物社会学的背景，通过遗传学的自利观这一理论解释利他主义，人们更希望心理学家在现实中能够发觉更多地表达同情的理论。如我们将要看到的，一些心理学家进行了这方面的工作，但利他主义对心理学家来说会有一些难题，因为他们对需要掌握的人类行为的主要理论都做了相似的人性自利的假定（Krebs 1970；Monroe 1994：878－883）。实际上，"它是需要解释的利他主义"这个观念只有在反对大多数人类行为都是利己主义的假定下才是有意义的。据巴特森（Batson）所言，"分配给利他主义的区域仅仅是利己主义帝国的一个偏远小省"（1991：62）。另一方面，每天的帮助和援助使得社会生活得以可能，有时愉悦之情很难被拒绝。问题是如何去解释它。面对人们利他行为的事实，心理学家除其他理论外，运用社会学习理论——激励削减、移情认同和道德发展，然而，就像经常在社会科学出现的一样，调查者不仅在谁的是更好的解释上，也在解释的目的上有很大异议。心理学家之间对关于如何解释作为一种社会现象的利他主义的争论，说明不能减少利他主义的理论负载（theory-ladeness），以及竞争的解释模型的帝国主义野心。在探究对利他主义的心理学方法时，我们需要特别注意的是概念的一致性和更加哲学的问题：什么才算作是一种解释。

在不同的范围和不同的环境，一些人比他人更始终如一地坚守自己的利他主义观念，这个事实给社会学家留下了深刻的印象，社会学习的预期试图解释为什么会这样（Rushton 1980, 1982）。这种方法的关键是这样一个观念：个人培养利他精神更多的是由于他们对各种行为的学习。一些知识是模仿的：孩子观察大人，并试着模仿他们的行为。如果他们观察的是利他主义者，那么他们趋向于成为利他主义者。另一些知识是通过报偿的建构和加强来影响的。如果利他主义与令人愉快的感觉相关，那么它将趋向于社会范围的复制。人们也因权威（老师、传道者或政治家）

的教导和呼吁或者吸收了更宽泛的公共政治文化的信息而获得行为准则。这种理论的优势是——根据它的一个批判者所言,"利他主义人格的最盛行的方法"(Krebs and van Hesteren 1992:142)——它是一个清晰、简单的策略,它倾向于在社会中增加利他主义的数量:提高社会化并提取一些称赞"奉献"行为的信息。

但社会学习理论被一些严重的问题所困扰。加强的概念很难解释为什么人们在一开始就是利他主义者;在这方面,它的最主要的、集中在孩子上的焦点告诉我们:他们的利他主义榜样会经常及时到场(Losco 1986:325-327;Krebs and van Hesteren 1992:142-144)。社会学习理论的方法与我们之前提到的赫伯特·斯宾塞的社会达尔文学说有联系,这是通过"如果它能导致更大的愉悦之情,道德的发展(利他主义包含的)就应该被促进"这一观点建立起来的。在两种情况下,价值只是对行为的反映。另一个问题是,尽管如此,它显然聚焦于人格,社会学习理论趋向于最小化人们在性格、教育和道德观念上的差异。而正像我们通常对这一名词的理解,人格并不是一个非常特殊的对象,而是社会影响推动的因素。

综上，行为主义方法，比如社会学习理论，只是简单地避开了动机的问题。然而，就像我们一直讨论的，后者是利他主义的中心。当一个人施惠于他人时，判断他们行为的动机是很重要的，这些动机包括是否他们是想要做善事、减轻自己的过错、对他人的听从、遵循某种原则、回报之前的受益还是对当权者的讨好。(Krebs 1982)

利他主义并不是每次都使一个人增加了另一个人的幸福。(这里，我们看到一些心理学趋向于用事实来定义我们想要解释的东西。)我们需要做的是试图寻找人们行为的目的，通过还原行为，考察是什么驱使他们这么做。这并不简单，但在方法论方面，它也不应该被忽视。在行为主义学校，社会学习的观点被贯彻，这里拒绝接受意向和目的论，因为它们是不科学的，它们转而关注"是什么"的问题。他们的问题是，我们从一些事实中能得到什么？尽管在方向不明确的情况下停止旅行是可以理解的，但换成另外一条路并宣告这就是第一条路的方向，则是有问题的。有时我们不得不接受这样一个事实：我们不可能到达那里。

社会学习理论通过人们拥有的或多或少稳定的人

格因素清楚地表明了利他主义行为。我们可以争论这个理论是否提供了一个关于为什么行为者拥有或缺乏利他主义因素的令人信服的解释,但利他主义是关于人格的问题,这一基本假设毫无疑问是真的。然而,它需要去和以利他主义行为发生(或未能发生)的最近的社会环境为背景,用情景解释现象的利他主义"形势观"相比较。现在我们的兴趣从个人转移到环境。很多讨论是建立在对利他主义行为的解释基础上的,我们将看到,它们涉及是重视给予"个人特质"还是给予"形势"的比较。

紧急情况和旁观者效应

在利他主义的文学作品里一些非常有趣和广泛被引用的研究聚焦在"形势"而不是"个人特质"。这涉及人们在特殊情况下的行为,他们被要求主动向处于很大危险的个人提供及时的援助。很多这种行为的促进因素源于对 1964 年一场惨剧的讨论,吉诺维斯(Kitty Genovese),是一个住在纽约的 29 岁公职人员。在那年的三月,当她下午 3 点回自己在皇后区的公寓时,被莫斯利(Winston Moseley)——一个她不认识的人——杀害。38个这一街区的居民听到了她长达半小时的大声呼救。没有一个人出面干预、叫警察或者采取其他措施以减轻一个女人拼命呼救所带来的不安。这种情况引起了媒体的轰动。

吉诺维斯事件使我们感到忧伤，因为我们都认为会有人施救，但结果是没有人这么做。帮助处在危险中的陌生人的准则并没有起作用，这让我们深思为什么会这样，这种反思对我们去评判其他即将到来的情况的特征是很有帮助的。（相比之下，个性特质的观点可以引导我们去分析旁观者的人格，但这似乎不起作用，因为没有理由去认为它不是纽约公寓居民的一个真实写照。）在他们的研究中，被吉诺维斯事件所影响，拉坦内和达利（Latane & Darley）经常怀疑是否矛盾的、模糊的和不确定的准则确实在紧急状态下能指导人们做出快速决定（Latane and Darley 1970：26-28）。

他们的理论取决于当我们的行为是公共行为时，对我们的特殊要求。救助一个处在危险中的人必然提供了报偿和荣誉的可能，但援救也会成为错误或不适当（或许受害者并没有在危险中），这样会使行为者处于尴尬的境地或在公共舆论里被贴上智力障碍者的标签，而不提及伴随施救行为的可能的身体威胁。面对人们在道德上遵循信念后的代价,个人在公共情况下会参照他人的做法行事。当然,他们所看到的是他人也处于同样的抉择困境,也同样需要社会其他人的指示。结果是"旁观者效应"产生了自相矛盾的行为,许多人的到场阻止了其中任何一个试图援助的意愿。这比每个人都希望他人施救的想法更加难以琢磨;这一命题更像是每个人向他人寻求是否应该帮助的答案。在一系列的试验中,拉坦内和达利(1970)发现,事故的目击者越多,施救的可能性就越低,是否这些包括因室内充满浓烟而报警,因在休息室发现有人从他人遗落的信封里偷钱而发出警告,或者帮助一个透过屏风就能听到凄厉哭声、明显在陷入悲痛的妇女。比如,听到妇女哭声的人越少,她就会越快得到帮助,如果只有一个目击者,她就会得到最快的帮助。

值得一提的是,拉坦内和达利分析的公共旁观者现象,似乎并不包含吉诺维斯事件的情况,因为住在不同公寓的居民没有判断他们邻居回应的方法。然而,正像他们所注意到的,如果其他人的痛苦不能被观察到,那么每个人可以假定已经有人采取行动了(Latane and Darley 1970:90-91)。当没有人提供援助,共同不作为的道德责任就会在群体中扩散——这是很容易具有的一种指责。

在拉坦内和达利的个案研究中，旁观者的认知是不一致的，他们在一定程度上都知道帮助是被要求的，但却不希望提供，因此他们有一个强烈的动机去重新解释这种情况，这就使得他们为了说服自己而假定紧急情况并不是真实存在的。他们开始相信烟一定是无害的，在他们眼皮底下的偷窃根本就不会发生，他们让自己认为帮助哀伤的妇女可能会是不得体的。与此同时，他们继续否认其他旁观者的行为对自己产生的效应。将这种现象推而广之可得出，旁观者似乎做了一个关于帮助还是不帮助的清醒的决定，皮列温（Piliavin）和她的合作者创建了一个成本—觉醒的模型来回应建立在以拉坦内和达利的结论为基础的紧急事件（Piliavin et al. 1981）。紧急情况是通过短暂的时间和极端的危险来辨别的——不只是对受害者，通常也对他们的救援者。紧急情况给目击者带来恐惧、同情、愤怒和其他不受欢迎的情感。皮列温团队将它作为一个公理，即目击者感受到强大的动机去减少他们增强的觉醒意识。实际上，他们面对一个是否帮助的抉择，可以寻找帮助，离开现场（可能产生自责，也可能受他人指责），或者因感觉不值得帮助而拒绝受害者。

成本—觉醒的模型假定旁观者会选择回应，这种回应会最有效地减少他们的善观念——同时，使在此过程中尽可能地花费最少的代价（在时间、金钱、痛苦感受方面等）。例如，如果一个困境中的儿童能够被及时救援，且不需要冒太大的风险，那么目击者就会去做，而且对他们值得称赞的行为表示赞美也是很有吸引力的。相反地，一个喜欢自娱自乐的冥想的人不可能把自己置于危险之中——尽管他们在不作为时受到了自我检查。如果帮助和不帮助的代价都很高，或许某个人是见证身体袭击的唯一目击者——则他们会趋向于重新定义这种情况以减小他们的责任。这里所考虑的类似于"他们应得他们所得到的"，"其他人会提供帮助的"等，这种考虑很容易就进入他们的大脑中。

在拉坦内和达利的理论模型里，旁观者效应被更加明白无误地视为一种作为降低成本的机制。实际上，主体自我激发的利己主义意味着，即便他们决心帮助他人，他们也并非真的是利他主义者，而是被一种"从不愉悦的情绪中解脱的渴望"（Piliavin et al. 1969：298）所驱使。与拉坦内和达利相反，皮列温等人同样讨论了影响帮助行为的一些"个人特质"因素。他们注意到,助人者常常比旁观者更留心他人,更加外向,也更加需要得到社会的赞许。有证据表明,人们倾向于帮助与他们在种族上相似的人,而种族上的差异则被视作是助人者必须承担的额外负担(这一点我们之后还要谈到)。对女性而言,她们更有动力帮助依赖性强的人;而男性则希望在助人过程中显现他们在生理上的强壮。

然而,"个人特质"的影响也只是到此而已。如果个性和帮助他人的决定之间的关系太过机械,那么成本—觉醒模型也就变得多余了。和所有的理性选择模型一样,该模型本质上将主体看成是决策者。在这个模型里,个人的属性和特质(比如是否与他人在种族上相似)被视为行为者的成本或者收益。因此,和一个内向者相比,一个外向者可能把投身公共事务的成本看得更低(尽管这也可能是因为外向者对周遭环境的了解多过内向者)。皮列温在强调利己选择的同时,也就否认了紧急情况下的干预能够体现出真正的利他主义。然而,这样的说法让人不免沮丧。这是因为,尽管皮列温等人只研究了一种形式的"亲社会"行为,我们可以认为,如果当人们在帮助被盗者、遭袭者、癫痫病发作者和溺水者时都体现不出利他主义的话，那么在其他情形下就更不可能有利他主义的踪影了。

作为移情的利他主义

假定主体是有不能自拔的以自我为中心的心理，他们只看重自己的情感状态，皮列温的救助者与凯瑞罗斯基（Karylowski）（1984）称为的内向型利他主义有一些相似之处。这里个人在很大程度上关心他自己的道德形象。这与外向型利他主义相对，它是指主体对他人的需要显示出真正的关心，没有以个人为中心的考虑掺杂其中。凯瑞罗斯基坚持内向型和外向型的变体都是真实的利他主义，他为外向型利他主义辩护道，外向型利他主义不需要关心是谁帮助了需要帮助的人。他的内向型利他主义比起皮列温的逃避激发特征是一个更加道德的类型，因为在内向型利他主义中他们并没有被他们的渴望所充分引导以避免一个消极的感情经验，这比起他们希望要履行自己的道德标准好得多。虽然正如我们将要看到的那样，这似乎有一点更加利他，但是有证据表明，尽管一些利他主义经验与他们帮助的对象有一个直接的联系，其他行为主要是源于更加抽象的道德标准，这些证据支持凯瑞罗斯基对内向型利他主义和外向型利他主义的区分。

然而，事实仍然是皮列温的成本—反感类型、拉坦内和达利的无规范索取者和凯瑞罗斯基说教的内向型利他主义者都是沉浸在他们自身对需求者的回应上，这样，并不是全心全意的、由他人引导的利他主义。巴特森（1991）反对这个观点，经过大量的实验，他为真实的利他主义找到了经验的证据。它的观点是，利他主义者对其他人陷于困境的感受唤起他们移情的渴望，并试图削减别人的痛苦。巴特森并没有否认移情的动机可能会伴随着逃避成本和追求报偿的行为。但是他的"移情—利他主义假设"声称，这种行为并没有明显玷污利他主义的纯洁性。人们在感受到他者之需时，便立刻与他人建立起一种移情性的关联，而利他主义的纯洁性正是在这种关联中彰显出来。巴特森清楚地知道，假定很难被证明，利他主义行为通常伴随着持续存在的不健康的动机。一种方法是问人们提供帮助的动机是什么，但是因为回应者可以说出比现实社会的行为动机更加崇高和理想的目的，因此这种鉴别力被削弱了。我们转而从行为中找寻动机。通过系统性变化的有效性和各种不同行为的吸引力，巴特森试图孤立和鉴别动机的移情。

在他的试验中，巴特森提供了其他想法，主体通过这些想法可以获得报偿、避免惩罚或阻止利他行为可能会带来的令人厌恶的激励。这样在一个系列实验中，主体，即全部是大学学生，被提供了照顾一个孤独的需要帮助的同学的机会（Batson 1991：129 - 134）。这一移情行为可能在它产生时，会很好地带来其他利益，比如，援助者的友情甚或是一种性关系。通过熟练控制这种情况，后者是不能产生的。巴特森可能得到这样的结论：援助者被真实的移情激发了动机，这等同于利他主义。实际上，就像他近来所辩称的那样，人们有时竭尽全力去避免能够唤醒诱导利他主义的移情的社会交往（Batson 2002）。例如，护士也可能在护理中要避免与晚期患者太多的交往。然而，相反地，增加对移情的理解可以促进对脆弱群体的照顾，如艾滋病受害者、无家可归者和少数族裔。

然而，真实世界的移情和巴特森在受控条件下的大学学生主体的移情动机是不同的，而巴特森是否能建立二者之间的关系并不是很清楚。社交界有一个现实,即现实永远不会是对实验的复制(首先,它只包括大学的学生)。更进一步讲,就像门罗(Monroe 2002)所指出的,这会存在一些情况,即移情并没有导致利他行为。一个虐待狂或者一个残忍的人,他对人的伤害并不是通过简单的方法,他可以通过移情的方式感受到被害者的感情,却产生不了利他主义行为。相反地,可以肯定地说存在很多非移情(尽管通常是内向型的)的利他主义,因为当我把几枚硬币放到慈善募捐的罐子里时,体现的是一种社会义务。

最后,在评价巴特森的工作中,我们遇到了早些时候所提到的一个问题,即什么是作为社会交往的真实解释,以反对在一个可供代替的词典里重新描述。善于移情的人是利他主义的,对这一点有什么惊奇的吗?当然没有。然而,尽管存在这些困难,巴特森似乎表明了利他主义的真实世界,而不是由更加自利的动机所产生的幻觉。根据皮列温、拉坦内和达利的假定,所有的结果都是有意义的。它使得凯瑞罗斯基的外向型利他主义在经验上是可信的,而不是一个虚构出来的理想化的东西。但是巴特森对利他主义为什么会发生的解释程度是件不同的事。我们可能要问什么类型的人格才有移情的特征，什么样的没有，和关于"形势"的问题，即什么样的现实能引起移情，是否需要考虑社会干预，等等。

通过认知框架解释利他主义

一个关于人类利他主义更明显的因果逻辑，不是依据人造实验的结论产生的，而是能够产生可验证的论点。对这种因果逻辑的说明多年来被克雷伯和范·赫斯特琳（Krebs and van Hesteren）所发展（1992，1994）。他们认为，利他主义可以以个人道德的发展方式来解释，通过婴儿、童年和青春期，直到成年——成熟的道德自觉的形成。这种发展不是一个很特别的事情，而是包含对不断增长和成熟的认知结构的持续获取。认知结构定义一个人的道德观，个人只接受他们目前所能达到的阶段性结构所允许的利他主义程度。在说明他们的模型时，克雷伯和范·赫斯特琳依袭了科尔伯格（Kohlberg 1981）在道德发展方面的探讨。对科尔伯格来说，更多的道德理由是源于对惩罚的认知，产生避免它的行为；其次是交换和互惠；然后是认识到其他人有作为独立自主人的权利。科尔伯格的观点是，人们通过一些阶段，并按照阶段的次序发展，即使一些人并没有到达最后那一阶段。① 科尔伯格的理论与克里斯托弗·贝姆的人类学方法产生了共鸣，这点我们在第三章曾经提到。贝姆同样相信道德的发展可以看成是在社会背景下对惩罚的回应和解决冲突的方法。

克雷伯和范·赫斯特琳采纳科尔伯格的道德阶段次序，并创造出一个利他主义形式的阶段性理论说明。这样个人就会从自私自利的心理发展到发自内心的合作、相互利他主义（旨在履行社会成员的义务）、负责的利他主义（表现在更深的社会责任感）、自治的利他主义（以全体公民拥有普遍的高尚、平等和权利为基础）。最后一个阶段在现实中只有少数道德圣人才能做到，即一个普遍的自我牺牲的爱，它与科尔伯格想出的理想阶段相一致，在这一阶段，人类是一个完整的公共体，以至于"我"和"我们"之间的界限很难划定。

克雷伯和范·赫斯特琳坚持认为，人们的利他主

---

① 科尔伯格所提出的第一个理由是有争议的，因为他发现女孩要比男孩所能到达的阶段更高。他的校友罗尔·吉里甘（Carol Gilligan）则认为这是因为女性在道德上的思考方式是和男人不同的（既不优越也不低下）。见吉里甘（1982）。

义应该依据他们所达到的阶段，在质量上有所提高。在很大程度上，这应该与年龄成正比。这样，有证据表明，小孩一般都是以自我为中心，6到7岁的孩子将参与互惠的约定，但当9到10岁时孩子们就希望帮助有困难的朋友，而不期望有直接的回报。到了青春期，孩子们会对他们的朋友提供更深层次的情感支持。有证据表明，人们在之后的生活中，帮助他们的家庭、朋友和邻居，这与他们的回报是不对称的，即使其他研究认为在这种情况下，"帮助也可能是一种应对方式"，人们担心父母和相关工作的角色的失去（Midlarsky 1992）。根据克雷伯和范·赫斯特琳，当人们发展时，他们利他的行为方式逐渐变成普遍的利他主义准则（通过他们的认知结构加以判断）。人们渴望实现的理想和行为的一致性程度也更加严格，由此，更需要他人的利益和更多的利他之间的一致。

克雷伯和范·赫斯特琳并没有忽视外界环境，"利他主义是由人们能够实现的阶段性结构和人们的社会、文化背景的要求之间的互动产生的"（Krebs and van Hesteren 1992：160）。认知结构大体上比起一个人性特质如移情更加基础，更加具有建构性。在他们的观点中，缺乏利他主义的成年人是不成熟的，尽管他们在未来可能会有所改变。与两种方法相比，巴特森的移情—利他主义假定，认知能力发展模型的重点是人们所具有的特征——他们的特质，这已被一般性的发展轨迹所解释。

作为家长、教育者和市民，知道当孩子越来越多地考虑到他人，说明他们正处在道德成熟期这一点，对我们来说是很重要的。然而，尽管他们承认环境因素会带来很大的影响，这些因素包括确保和阻止对认知结构的获得，克雷伯和范·赫斯特琳很少涉及他们是如何通过道德的不同阶段，与人们的进步相互作用的。但是如果没有更多的认知，他们的模型似乎很难说明男人与女人的援助区别、人们愿意救助与他们相似的人的偏好、对觉醒的反感和其他利他主义现象。门罗也举出了表面上看是自利人的极端的例子，这种自利人可能会突然表现出利他主义，例如奥斯卡·辛德勒（Oskar Schindler），他用自己的商业头脑在纳粹欧洲救助犹太人，同时相反地，在某种压力下，那些看似利他主义的人却表现不出人们所期望的利他主义道德，例如教皇庇护十二世（Pope Pius XII），他因某种压力，未能大声疾呼反对纳粹（Monroe 2002：111）。

虽然认知结构只是一般性类型，但人们可以察觉到他们的环境并判断在非常特殊的环境下应该怎么做。这样，认知结构在预言一个于特殊例子中的特殊个体是否能表现出利他精神方面，可能不会产生很多效用。人们根据各自的理由行事（或不作为），我们都愿意认为我们比现实中的自己要好。有时我们因表达出的利他主义与自己的期望值有所差距而自责。这种现象导致人们的认知结构和具体情况下表现出的行为出现不协调。因此，认知结构模型究竟有多大的预测力仍未可知。

正像我们所说明的，克雷伯和范·赫斯特琳的利他主义阶段是科尔伯格的道德阶段的修正版本。很多相同类型的行为将由此被处在相应的道德和利他主义阶段的人们所清楚表达。在一个层面，很难有什么惊奇：我们期望更多的道德类型去实现更多的利他主义，反之亦然。但另一方面，它省略了在履行道德要求和实现更具创造性的利他主义行为之间的值得探讨的区分。后者包括促进需要帮助之人的福利的动机，而不考虑自身的福利是否减少。相比而言，大多数道德行为起初并未考虑到个人的福利，而是个人的责任。差别是关于动机的问题。我可能会打扫从我家树上落到邻居家花园的秋天的落叶，因为我知道他们非常忙，我想这是一个友善的行为。或者我可能会帮我上了年纪的朋友买东西，以便使他们能有空闲时间做家务。

这些都是毋庸置疑的利他主义行为，但（依赖于恰当的环境），道德哲学家试图将他们视为分外之事，超出了严格的职责范围。它们也会损害到我们执行基本的道德义务（想象一个人花大量时间用于帮助他们的邻居而忽视了自己的家庭）。我们此时应能想起康德的观点：我们有对自己的道德义务，我们没有义务去通过凄惨的自我牺牲和对另一些人的忽视来实现利他主义。因此，利他主义行为不需要以纯净的道德益处为结局。正像我们在本书的开始所看到的，利他主义和道德之间的关系很复杂，这两个概念的区分并不总是那么容易。但克雷伯和范·赫斯特琳的模型并没有承认这种区分。对他们而言，在高阶段的利他主义包括普遍的高尚、平等和权利。利他主义者只是有资格的道德代言人。作为一个独特概念的利他主义，它的存在与道德相关，但不能简化成道德，它似乎要求一个相似的阶段框架，使人解除对他们的模型的效能产生的怀疑。

利他主义和道德之间的联系也是所要考虑的,这是因为一个更深远的问题,关于利他主义的心理学研究,对于这个问题还探讨的不多:利他主义行为的接受者的期望。利他主义所带有的自由裁量权意味着利他主义者的助人行为未必会面向那些最有需要的人,甚至可能会面向那些毫无需要的对象。认真地讨论接受者的期望会迫使我们面对身份、等级制度和自尊的问题。尽管可以使他人直接获益的利他主义可能会确定接受者处于无力的位置,但对挑战社会等级制度和人们天生的顺从却无能为力。

一个学者辩称,刨除利他主义的动机,利他主义行为总是提高赠予者的权力并减少接受者的权力(Worchel 1984:386)。这或许说得太笼统了,但它仍然是真的,一个利他主义行为的受益者能够确认一个人的感受,这时,至少他们对帮助自己无能为力。罗森(Rosen)发现在等级最底层的人更可能默许别人给他们提供的帮助,即使对他们毫无用处,而不是那些有益的行动(Rosen 1984:364)。此外,利他主义可能会带来降低身份、被指责为无价值和造成怨愤,总的来说,特别是在那些接受帮助并心存感激的人之间,更是如此。纳德勒和费希尔(Nadler and

Fisher)在这种环境下,提到了退伍军人、老年人和福利接受者(Nadler and Fisher 1984:398)。有选择性的福利措施所带来的羞辱效应(stigmatizing effect)有时被那些一般化讨论,如基本收入方案的讨论所印证。沃舍尔(Worschel)、纳德勒和费希尔猜测那些因此失去权力的利他主义的接受者将通过帮助第三方来恢复自己的平等权力。如果这种猜测是对的,那么利他主义通常会带来连锁反应。在任何情况下,这些关于权力和等级制度的问题表明,利他主义不是一个绝对的善,即使它是一个普遍的善。

善良的撒玛利亚族裔、朋友和陌生人

一个使利他主义错位的有趣的例子来自1970年的美国,达利(DarLey)、巴特森(1973)和神学院的学生再现了善良的撒玛利亚人的寓言。学生们被问到,如果他们将在作为教士的职业生涯里为访问者作一个演讲,在他们去演讲的路上,见到一个男人跌坐到地上,显示出痛苦的神情。此时,百分之四十的学生表示将会对此人提供帮助,但当情况变成如果提供帮助就会耽误自己演讲的时候，只有百分之十的学生仍坚持援助。当他们演讲的题目是善良的撒玛利亚人时，百分之五十三的人会提供帮助。因此，如上，有可观的一少部分人在他们去演讲的路上，跨过了那个需要帮助的人去作一个关于善良的撒玛利亚人的演讲！达利和巴特森对这样的学生评价还算宽厚，他们是处在一种矛盾之中：他们注意到了那个男人，但他们也承诺某人到某地为他们演讲。他们发现那些最教条的信仰者往往最不可能帮助别人。而最有可能帮助别人的学生，往往是源于他们在对生活意义的寻求过程中培养出了对宗教的信仰。这种结果与巴特森晚一些的著作，即认识到利他主义的源泉来自移情，相一致。

原初的善良的撒玛利亚人是特殊的道德，因为他帮助了一个需要帮助的陌生人：大多数人爱帮助别人就像爱自己。我们相似的偏好看起来有一个自然的生物社会学基础。帮助同伴有助于群体的生存，并附带扩大了群体的团结。彼此互助使他们的群体团体化（Miller 2004）。就像人们所期望的，小型社会是更容易利他——这可能也是由于利他行为可能更容易通过群体传达。米尔格拉姆（Milgram 1970）认为彼此显示出关系冷漠的城市居民也可以这样解释，即与很多人在同一个社会里紧密地生活，他们需要避免认知负担过重。然而，小型社会更不能容忍异常的人；城市居民在帮助异常者和帮助远房亲属之间显示出更小的变化。百分之四十四的俄克拉荷马州塔尔萨市居民会将寄错（故意地）的信重新寄回给正确的普通的地址，住在附近小镇的百分之五十三的居民做同样的事。但当信封被写上寄往"社团主义的朋友"，则百分之二十五的塔尔萨市的居民仍会邮寄它，但只有百分之三的市镇居民会这样做。(Hansson and Slade, 1977)

其他研究证实了人们喜欢帮助那些与他们想法相同的人（Staub 1978：315-318）。有一些证据表明，在美国黑人更愿意帮助其他种族的人而不是白人，但问题很复杂，很大程度上依赖个人所理解的对他人痛苦的责任，对帮助是必须要承担的这一观念的理解程度，就像白人不希望被看作是种族主义者一样 (Staub 1978：320-325)。所有相似性的研究被一个事实所阻碍，即在许多方面（不）相似的工作。如果一个白人男性司机帮助了一个车坏在道上的白人女性司机，很难知道这跟他们种族的相似性有多大的关系，也很难说男性司机帮助哀伤女性的偏好要超过帮助男性。当然，后者是相似性假设的一个例外，它表明有其他准则引导着行为。

相似性的解释也必须被谨慎对待。一个作为相似特质的东西不是天然的事实，而是经过社会建构，并维持下来的（Kohn 1990：70-71）。个人有多元的、互相竞争的和重叠的身份，谁属于或不属于某个群体不是完全固定的，在某种程度上它取决于具体情况。处在痛苦中的人可能被民族群体所隔离，但在其他环境下他又是欧洲人的一员；在印度被你施舍几个硬币的乞丐可能是和你的孩子一样大。更进一步讲，利他主义行为可以巩固群体的边界，想想一副由早先的互动构成的更为复杂的相似画面孕育其中，而不是其他的画面。当我们在下两章开始考虑利他主义准则如何才能被加强、被鼓励时，这个例子会有一些意义。另外，当出现在很多利他主义的例子里，潜在的受益者并没有紧迫的需求之时，相似性的观点更加重要。如果你所忽视的陌生人的需求不是很大，那么他们并没有那么多的抱怨；或许他们的伙伴会及时帮助他们。在紧急情况下，相似性在道德话语和现实中都失去了意义（Piliavin et al. 1981：144-145）。紧急情况干预对责任的判断是有影响的，但非常需要帮助的受益者有一个得到很好帮助的机会，甚至是得到社会另一端的人的帮助。

在纳粹欧洲的犹太人救助者

一个关于利他主义行为被讨论得最多的案例，其最大的特点就是早先在帮助者和受益者之间不存在明显的社会关联。这就是在纳粹欧洲的犹太人救助者（以下简称救助者）被一些学者所研究，但研究水平都不能超越塞缪尔（Samuel）和著有《利他人格》的伯尔·奥利纳（Pearl Oliner），《利他人格》一书已成为后来探讨利他主义行为的参考书。大约2亿人生活在纳粹控制之下，他们除了受制于暴政统治之外，还亲眼看到了对欧洲犹太人的种族灭绝。据推断，那时寻求帮助犹太人的人的数量变化很快，从50000到最多时500000（或千分之五）的欧洲人口。这些少数人的行为将自己置于极度危险之下。自身的牺牲、家人，当然还有他们试图去救助的犹太人的死亡都是被预料到的惩罚，这些经常会发生。（结果，很多救助者都试图对他们的家人隐瞒自己的行为。）尽管存在这些异常条件,救助者还是帮助日益增多的被隔离和孤立的犹太人逃生;他们尽可能地养活犹太人,即使犹太人是在监狱里;他们在夹壁墙后面、荒芜的仓库里庇护着犹太人,帮助他们维持着地下的生存;在很多情况下,他们把犹太人偷偷地运到安全的地方。

在通过不同的历史背景、实际位置和政治环境所区分的不同的被占国里,营救的行动或多或少是困难的,它总是要假装成不同的形式。百分之八十的丹麦犹太人在战争中逃生,被偷偷地用船运往中立国瑞士。在荷兰和比利时,有宗教宽容的传统;在意大利和保加利亚,地方不愿意反对犹太人住在他们中间,这意味着较少的人被杀害。德国人、法国人、罗马尼亚人,首要的是波兰的犹太人几乎没有逃生希望。然而,这些形势的因素只能部分地解释对犹太人的营救行动,这是因为尽管在被占国里所有人都对纳粹表示憎恨,但只有少部分人出手相救。奥利纳和他的团队承担的调查几乎不能彻底地实现。406个救助者和150个幸存者、126个非救助者接受采访(一个误导性的称谓,并不是指旁观者,而是那些参加其他形式反抗行为的人)。面试内容涵盖了从一些细节性的问题到构建一副利他主义人格的画面。

奥利纳团队发现人们原以为与解释极端条件下施救行为有关的很多因素，调查结果却不是这样。例如，宗教与救助行为的关联是很弱的。然而波兰天主教徒却冒着极大的危险将必需品运往贫民区，尽管波兰有着长期的反犹太主义传统。接近百分之七十的救助者生活在犹太人中间，但也有超过百分之五十的旁观者是和犹太人生活过的，因此之前对"互动触发移情"的证明几乎是不可信的。大多数救助者对政治不感兴趣。一半以上的救助者在战前并不认识被他们救助的犹太人。大约三分之二的救助者曾经帮助过求助者；三分之一的求助者采取主动。人们可能会从中得出这样的结论：没有采取主动的大多数救助者并不是完全意义上的英雄：他们被乞求，且并没有想到自己会拒绝。这在某种程度上是事实——毕竟救助者也是人，他们怨恨的感觉和对责任的感觉是一样的。然而，奥利纳推测，如果旁观者没有被乞求帮助，那是因为他们通过自己的语言、行为和态度暗示了他们不可能接受这样的请求。（一个人在此时的回应过程可能与在和平情况下，考虑邻居提出的要求所经历的过程相似。）事实是很多处于此种境地的人伸出了援助之手，但并没有最终击败以形势和环境为基础的解释。每个挑选救助者的环境因素都可能被运用到他们更冷漠的伙伴身上。由此,分析援救使我们抛离了环境转而关注救助者的个人特质和他们深层次的自我观念。

辨别救助者的一种方法是他们自身的一种信念。他们相信他们会起一些作用。尽管旁观者对纳粹同样怀有敌意,但救助者自身作为负责者有一种做好自己的事的自信心。"救助者不只是碰巧遇到了救助的机会,而是积极地创造、搜寻或识别他们,这些是其他人做不到的。"(Oliner and Oliner 1988:142)尽管恐惧和绝望使旁观者为了自我保存而退缩,但救助者却尽自己所能救助需要帮助的人。驱使他们的是一个从他们的家长那里学到的基本价值目标。救助者将他们自己看作是人类相互关联的一部分,而不救助者则不是。"我父亲说整个世界就是一个大链条",荷兰救助者约翰说,"其中一部分断裂了,整个链条也就断裂了,它也就不会再工作。"(1988:142)

救助者并没有将犹太人当成特别值得帮助的人。主要是因为他们是需要帮助的人。旁观者都是戴着有色眼镜来看犹太人的,但是救助者认为:"对我们来说,人都是一样的。"(1988:150)旁观者的家长教他们如何成功。要承担选择的后果。实际能力被用来为经济成功服务。在以牺牲某些不确定的因素的代价下，比如感觉、价值和观念，节俭和自力更生这些起作用的美德被逐步灌输。然而，在竞争的经济体系下，被看作是对参与者起作用的态度的自保使得旁观者不会在极端情况下做出使自己陷入危险之中的事。他们的培养过程是墨守成规的，强调服从。当他们是小孩的时候，他们更可能受到过家长严厉的惩罚，包括特殊的惩罚。相比之下，救援者是在相对宽松、更少恭敬的环境下成长的。家长对他们的制约总是伴随着解释和爱。特别是，救援者从小就被告知要学会关心、照顾他人，去作为人类大家庭的成员之一思考自己的责任，就像约翰父亲提到的链条。

然而，救援者并不都是同一类型的。一些人与犹太人在战前关系就很紧密，他们的行为动机主要是源于这种紧密关系。他们帮助自己的朋友和邻居。另一些人，在奥利纳的报告中是百分之三十七，他们是通过移情：他们感到一种与受害者直接的联系，并被同情和怜悯所激发。百分之五十二的人是标准的利他主义者。对于这些标准的利他主义者，对他人遭受痛苦的感受并不只是痛苦本身。这种痛苦还包括对他们所认同的特定群体规则的违反。对犹太人的迫害违反了他们家庭、教堂或社会的价值，这也是激发他们行动的动机。

在救助时相互间的合作会经常发生。丹麦的救助者一起将犹太人通过海路送往瑞典，他们可能利用了人们对南部邻国长久以来的怨愤，这个邻国总是想要入侵他们这个小国。尽管如此，唯规范论（normocentric）的救助者很少将个人感受融入控告中，更多的是移情。很少融入的是原则性很强的救助者。苏珊娜帮助了几百名犹太人，没有人是她认识的，她把他们安排在农场、家庭里工作，这样他们就不易被发现。她在这之前与犹太人有过联系，似乎也并没有在第一时间被他们的遭遇所感染。"所有人都应该是平等的，所有人生而平等"，这是她考虑的唯一动机（Oliner and Oliner 1988：203）。

大部分救助者并没有把自己看成是做了一个选择。他们很少在行动前仔细考虑，许多调查说明他们所做的是最平常的，即使它明显不是。用心理学上的隐语来说，他们是"宽厚"的人格（extensive personalities）。伴随他们成长的亲密、照顾、妥当、仁慈的惩罚和高道德标准，赋予了他们个人责任、自力更生、信任、正直和对别人敞开心扉的价值。旁观者经历了弱的家庭关系、强的家庭约束和不安全的环境、焦虑与怀疑。这给他们造成了"狭隘"的人格。有趣的是,在利他主义人格计划之前,引导主流的一份研究报告中,罗森汉(Rosenhan 1970)关于美国民权活动家得出了相似的结论。白人自由主义活动家在1963年到1965年,承担了黑人民权运动,尽管这样做可能会给这些活动家带来耻辱,调查得知,这些活动家都是来自健康、以相互尊重为基础的稳固的家庭,并且对他人需要都有所认知。那些不怎么承担责任的人,或许相当于奥利纳的不救助者,都是用消极的或是矛盾的词来描绘他们的家长。

回顾奥利纳的研究,给我们留下深刻印象的是救助者"曾经是,以后也是普通人"。

他们是农民和教师、企业家和工人、穷人和富人、家长和单身汉、新教徒和天主教徒。大多数人在战前没做过什么特别的事,在之后也没做过什么特别的事。大多数既没有表现出杰出的领导特质,也未表现出反传统的行为。他们不是高于生活的英雄。辨识他们的是他们与他人连接的承担与照顾……他们对犹太人的救助产生于平常他们处理与他人关系的方式。

(Oliner and Oliner 1988: 259-60)

奥利纳工作的范围和志向意味着他更多地关注了承担。科恩（Kohn）相信奥利纳错过了思考是男人（有上述论证的自尊和自信）帮助得多还是女人（恐怕更多的是移情和负罪感）帮助得多的机会。(Kohn 1990: 81-82)。克雷伯和范·赫斯特琳表达出了一些怀疑：四十年后的证词是否能准确地反映当时援助者的动机（Krebs and van Hesteren 1992）。同样，巴特森怀疑证词即使是准确的，它是否能真实地反映利他主义动机。例如，一个援助者说"我想如果我什么都不做的话，我会内疚得无法生活下去"，这似乎在巴特森的计划里是由渴望避免羞愧和内疚而激发的；根据他的理论，这也不是真正的利他主义动机（Batson 1991: 182）。同样，一个声称他们不能容忍纳粹对犹太人罪行的心理可以很好地被解释为依反感——觉醒而行事。然而，这似乎有些狭隘，并且正如论证的那样，暴露出更多的关于巴特森模型的限制，而不是它得出了与奥利纳相同的结论。

一个更加合适的批判质疑了是否所有的救助者都是真实地被利他主义所激发。他们的行为当然是利他主义的，他们冒巨大的风险救助他人的生命，这完全符合利他主义的定义。然而，如果利他主义的动机是有与众不同的特征，那么上述就不是充足的，因为表现出的证词和理论的反思可以导致我们去怀疑是否每一个救助者都是利他主义者。我们已经了解了苏珊娜，她与那些她救助过的人保持距离，并声称引导她行为的是纳粹对犹太人的迫害，剥夺了他们的权利。然而，也并不清楚大多数唯规范论的救助者（百分之五十二）是否有利他主义的动机。就像有原则的救助者，他们与受害者没有直接的联系，而是被一种对所在族群的义务感所激发。那么那百分之三十七的移情的救助者呢？我们和巴特森的想法一样，只有他们被直接的感同身受的移情所连接。另外，就像其他学者指出的那样，所有三种类型的救助者通过他们的行动展现出与利他主义不同的道德价值。

布鲁姆提到用反种族主义和对犹太主义文化的特定价值的认可（Blum 1992：36-42）来对抗邪恶。引用科纳祖斯基（Konarzewski 1992）的证据，百分之十七的救助者公然表达了对纳粹的愤怒，并以此作为行为的理由，科纳祖斯基指出，将政治的抗议作为动机，这不仅有别于移情认同，而且在某种程度上与它冲突。但我们可能还会说，如果连救助犹太人都不算是利他行为，那么就没有什么是利他行为了。任何怀疑他们利他主义行为的争论似乎都说明是有缺陷的。人们喜欢依据道德原则行事的苏珊娜，但这种人毕竟是少数。就像他们的证词显示的那样，救助者的绝大多数是出于同情和怜悯的情感行事的，无论其他人对道德的动机多么冷漠，他们也都会这么做。犹太人的困境给他们提供了一个激发内心潜在道德和将群体准则应用于行动的机会。它似乎过于简单地把战时的欧洲居民区分为"狭隘的"大多数和"宽厚的"极少数，但后者不是通过它们持有的道德信仰来辨别的，而是通过在极端环境下用他们的行动来证明自己（Churchill and Street 2004）。只有一少部分人被培养拥有这样的信念。利他主义者是那些通过实际行动做着好事，而不是只是想着或盼着它发生的人。

人类共同体

门罗（Monroe et ai. 1990；Monroe 1996）关于救

助者行为的研究所得到的结论与奥利纳的分析有几分相似，但也在一些关键方面存在分歧。像门罗一样，她发现救助行动不能被它带来的灵魂的幸福所解释，也不能解释成是因为对曾经犯错的救赎的一种需要，或者是任何成本—利益的换算（Monroe et ai. 1990：110 - 105）。救助的决定不能被解释成宗教信仰、出生次序——这里，她背离了她的结论——，这里没有一个与家长或其他角色模型相关的始终如一的关联（Monroe 1996：130 - 135）。像他们一样，她相信救助者和旁观者在人格方面有很大的不同，她相信人格上的差异是解释的关键。不救助者相对于救助者而言，没有什么信仰和策略，把自己看成是无助的、孤立的个体，无力去反抗纳粹的暴政。同奥利纳一样，门罗研究的救助者来自社会各界。表面上，他们显示出了各种各样的人格特质。他们都感到在人类世界里有强大的连通性，然而，有时，尽管不是所有人，他们感到他们的利他主义是从小反复灌输、培养起来的。门罗的接受面谈者一次又一次贬低了他们的救助行为。没有人相信自己的行为不平常，尽管事实证明正好相反，所有救助者都相信他们只是做了所有人都会做的事。

这些信念是门罗建构对犹太人救助者的替代性解释的关键,她以截然不同的感性的框架为基础,这只有救助者的少数人才拥有(其他利他主义者也同样为救助他人而使自己处于危险之中)。与奥利纳相比,门罗将救助者进行区分,并不是通过群体意识、规范或者对特殊道德信念的坚守——实际上她强调利他主义者不必然有一个比非利他主义者更好的道德品质(Monroe 1996:184 – 185,197 – 199)——而是通过他们对人类共同体的认知,一个高于一切的信念是把每个人都作为人类大家庭中的一员。当面对一个有紧急需要的人时,救助者看到的不是陌生人、犹太人或者就此而言,一个邻居,而只是一个简单的社会成员。博特,一位荷兰救助者说,"你帮助别人因为你也是人"(Monroe 1996:197)。

救助者实际上将自己看成是没有其他选择,只能对犹太人进行庇护,并在其他很多方面对他们予以援助。救助是一个来不及深思熟虑的行为,它需要一个快速察觉"同伴需要帮助"的反应能力。促使他们采取行动的强大动力是和一个认知的框架相连的,这一框架解释了致力于结合的意义,或者更好,解释了超出传统的理性与情感的区分(Monroe 1996:213 –

214，234）。（这似乎与我们在第三章遇到的，索柏和威尔逊的动机多元主义相似。）即使如此，救助者并没拥有一个比旁观者更崇高或者更乐观主义的人性观点，因此他们不是审判者。尽管他们向纳粹表达了敌意，但他们并没有将犹太人视为特殊的价值，在他们的日常思维中，他们没有将人分为好人和坏人。对救助者而言，人就是人，一群拥有普遍需要和弱点的人。

门罗对另一个截然不同的群体——企业家也很感兴趣。尽管她采访的企业家对慈善机构捐赠了很多，这显然是利他主义的行为，但他们趋向于给予自己相关联的人以利益。这样，企业家有强烈的忠于群体的感情，这与将其他人、邻居、陌生人、犹太人甚至是纳粹都看作人类成员的救助者形成对比。救助者的世界观与支持世界范围内种族灭绝的罪犯的灭绝人性的言辞截然不同。对救助者来讲，将人类连接到一起的纽带是一个关于我们在地球上生存的基本本体论事实，这一点比其他任何人类行为的原因都稳固持久。像约翰·多恩（John Donne）一样，他们相信"任何人的消失对我都是一种损失，因为我生活在所有人之中"（cited in Monroe 1996：204）。

第四章 利他主义的人格

与理性选择理论的精明的个人主义者形成鲜明对比（一种我们将在下一章遇到的理论），犹太人的救助者未经仔细考虑，就搁置自己的幸福，将他人看作是共同体中的一员。实际上，他们对他人的偏爱为我们提供了与涂尔干（Emile Durkheim）的一个有趣的比较，涂尔干在他19世纪很有名的著作中介绍了他对利他式自杀的研究［Durkheim（1897）1970：217-240］。通过对19世纪末自杀的有效数据的仔细研究，涂尔干坚持认为可以把他们归为三类。尽管自利的和无道德的自杀很少起因于社会整合，但是利他式自杀却更多是由它引起的。涂尔干汇编了许多古老的和中世纪的社会，它们在特定的社会环境下要求它的成员自杀，如为他们的酋长而死（在一些高卢部落）或者在印度为丈夫殉葬（"萨提"的实践）。有时自杀并不被严格要求，但却是获得社会名誉的一个好的方式。这在印度婆罗门教众之间非常流行。例如，一个婆罗门教徒到达一定年龄后，如果至少留下了一个儿子，那么他就可以通过自杀确定他的崇高地位。

使涂尔干产生特殊兴趣的是军队中的自杀。对在中世纪和19世纪晚期的欧洲各国的统计表明，士兵之间的自杀率比城市居民的自杀率要高得多。涂尔干通过将军队与原始部落相比来对此进行解释。一个19世纪的法国士兵不得不接受他的上级的过分要求，宣布放弃他们的兴趣，奉献自己的生命，就像他们的祖先高卢武士所做的那样。只有军队和"原始人"之间的密切关系可以解释为什么士兵为了最没价值的事而自杀，比如被拒绝休假或升级。利己的自杀伴随着忧伤和悲痛，但利他式自杀却要求一个充满热情的忠于所在社会群体的迸发的信仰。

涂尔干对自杀的分析与门罗的分析一样，都使利他主义者趋向于忽视自我与他人的分离。他们将自我为中心搁置一边，强调服务于群体的利益。利他式自杀可能不会被看作是利他主义的（或者是道德的），这是事实，尽管或许部落成员自杀是为了赢得家族的荣誉。一个群体的范围要远小于人类的范围，这也是事实；犹太人的救助者们值得称颂的是并未因为不同宗教而影响救助。但，相隔一个世纪，涂尔干和门罗所指的都是一种意识与其他意识的联系及其与个人兴趣的从属关系。

尽管如此，在门罗的捍卫者之间似乎存在一个关于人类共同体道德和生活中的利他主义（就像她的企业家）道德的差异，后者中群体纽带是重要的。正像我们所看到的，更多的平凡的利他主义者通过与需要帮助的人产生移情而激发了他们的行为。人们喜欢帮助那些与自己有共同之处的人，比如他们的种族和宗教。我们如何让建立的理论与对犹太人的救助相一致？因为很多犹太人对于他们来说都是陌生人。奥利纳的团队的解决办法仅仅是通过把利他主义定义为一种乐善好施的行为而回避这一问题，因为这种行为能够兼容并蓄并且无视诸如种族、性别、宗教等方面的特质（Oliner and Oliner 1988：6-7）。尽管帮助陌生人可能是更令人称赞的形式，但这似乎没有理由去将"小集团"的利他主义行为，根据这一标志归类为非利他主义。

这种差异，即人们愿意帮助与自己相似的人和犹太人的异教徒救助者的一个可能的解释来源于进化生物学。如果具有相同特征的群体之间相互协助，那么我们可以用进化的术语把它理解为一种促进群体保存的方式。但不是所有的利他主义援助都是互惠的，也不是所有特质都源于遗传学（比如说宗教）——除了一点，即与上一章我们讨论的整个遗传学方法相连的问题弱化了这一解释。更好的解决办法是一个更直接的办法。对犹太人的救助和每日的利他主义行为（捐钱、义工时间、提供技术、帮助受伤的陌生人等）只是两个不同的行为类型。第二，更常见的案例是，人们有更强烈的动机去帮助他们感到有关联的人，尽管他们也时刻准备去帮助陌生人。这种解释符合我们的直觉，即救助者是独特的，他们只是一少部分人。并不是每个人都对人类共同体这个概念有信心，如果奥利纳是正确的，那么只有少数人有足够的幸运来接受用这种眼光看世界的教育。它使我们有这样的意识，即尽管我们中的大多数时刻准备着花费时间和资源去帮助他人，但我们有我们的局限，如果我们坦诚地说，很少有人能像救助者一样把自己和家人置于危险之中。它也说明了门罗曾强调的一个观点：利他主义行为的存在是在一个从较多利他到较少利他的统一体里，不是所有的行为都属于利他主义的某个类型或利己主义（Monroe 1996：16-18）。

然而，与此同时，那些认为救助行为只是利他主义的一个更加极端（可能是最极端？）的形式的想法似乎不能使人满意，因为在较多利他和较少利他之间的连接与在群体为基础的动机和人类共同体信念之间的区分显得格格不入。群体界限的划分阻止了人类共同体的观念，群体成员了解的是群体成员和非群体成员之间的对比。这种对比效应在各个群体中是团结的重要组成部分，尽管也是社会团体间对立的根源：新教徒和天主教徒、胡图族与图西族。但在人类共同体的概念之下，这些对比效应就不存在了。重要的不是群体之间的群分，而是我们都是人类大家庭的共同成员。一个人不可能只通过逐渐扩大自己族群的范围来实现从群体成员到人类共同体中的一员。因为如果族群还是依赖于对比效应，那么总会有一个"族群之外"和"族群之内"的对比。相信人类大家庭，反对宗教和伦理的小家庭，要求一种格式塔式①的礼物，在个人的观念里有个根本的变化。根本的差别是作为更加极端的利他主义形式的救助行为和我们在生活中看到的日常的救助行为在观念上是不一致的。以此为基础，门罗的观点只有通过将救助作为一个与一般帮助有本质不同的行为而重新归类，才能有意义，将救助看作一个超出我们通常意义上是所了解的利他主义行为的利他主义形式。如果是这样的话，那么人类共

---

① 格式塔是一个德语单词，没有确切的英语对应词，它是指个人意识到并承认他各个不完整的部分，而且矫正它们，使之成为一个整体。——译者注

同体的解释就不能应用于很多利他主义的案例中。

这是一个更深远的问题。无论人类共同体对利他主义的解释多么具有优势，它还是会面对这样的问题，这种世界观的解释只能运用到部分案例之中。对于它较少应用于日常生活这一点又该如何解释？之前我们批判了巴特森的移情利他主义，这是一个对利他主义的不完全解释。利他主义动机来源于人们的移情，这并不是没有意义，但它似乎也是对利他主义内容的重新描述——至少如果所有的真实的利他主义都是通过移情实现的。一个相似的批判针对门罗。人类共同体的信念可能是利他主义的基础，但我们想知道基础的基础是什么，或者更准确的动机是什么。这里她只是提供了一个很短的说明："构成利他主义核心的特殊观念可能会很容易被其他不同的因素激活，从遗传学的译码和宗教学习到族群或血缘的关系和心灵的沟通。"（Monroe 1996：214）不同的利他主义者最终会被不同的动机所激发。然而，这种说法可能不会使人满意。门罗和奥利纳都没能找到救助者比旁观者有更强群体关系的证据（尽管奥特纳确实假定救助者与对待他们相对宽松的父母有更密切的关系）；尽管心灵沟通似乎只是将人类共同体解释成一种值得相信的观念。这虽然不是不可行的,但很难用遗传学密码来解释。难道利他主义者的大脑与非利他主义者的大脑不一样吗?这并不是我们希望知道的。尽管如此,人类共同体作为利他主义的基础还是非常有吸引力的。这不仅是呼吁一种世界性观念的基本道德,它也在援助他人的行为和将人类视为普遍相连的世界观之间搭建了符合我们直觉的桥梁。然而,虽然人类共同体的解释没有涉及为什么人们有自我保存的愿望,但是恐怕它仍然可以解释大量非英雄的、非直接针对族群成员的利他主义行为。我们扶起摔倒的老人,将走丢的孩子送到他们父母身边,寄出邮错地址的信,在不知接受者的情况下献血,为迷路的人指明方向,等等。这是一小部分现实生活的利他主义,在人类生活中保持我们的信仰,也对培养公民间的相互信任有所帮助。

然而,毫无疑问,有些人比其他人更乐于助人,可以肯定的是更乐于助人者被人类共同体中的信念所激发,而那些不怎么乐于助人的人则不会有这样的动机。至少,当逆向思考时,这种主张也是可信的。可以认为我们中较少利他的成员有更强的个人责任和自我满足的信念。与更加利他,将人类看作普遍相连的邻居的利他者相比,他们的基础本体论可能是我们每个人都生活在孤岛之中。这些价值和信念是否是可塑的、接受改造的,这是个有趣的问题。在第六章,我们将讨论旨在改善与人们行为动机有关的信念的政治方案的可行性。

在纳粹德国,犹太人的救助者可能在这里是最值得研究的利他主义群体。他们的勇气和博爱将继续作为人类理想行为的灯塔,与纳粹和世界上的专制统治者相对。我们大多数人可能都缺乏这种勇气。但当代社会为利他主义行为的产生提供了很多途径;从来不缺少需要帮助的陌生人和充满感激的受益者。即使(正像我们在下一章所解释的)越来越多的需要的实现途径被制度化,这仍需要很多善行和援助之手。在行善的过程中,在培养我们关心、同情和怜悯的利他主义价值过程中,我们能做的最好的就是像救助者一样,被人类共同体的信念所引导。它不只是一个口号,更是一个包含平等、拒绝谴责的道德规范。总之,它说明了一个人类同呼吸、共命运的观点。正像一个来自富有家庭的荷兰救助者托尼所说:"你应该永远记住,你的根基来自每个其他(人类共同体的)成员。"(Monroe 1996:205)

第五章

利他主义、赠予和福利

我们在上一章研究了人们在何种程度上能称得上是利他主义者，利他主义者的背景、特征，以及他们与相对而言较为自私的人们在人性上的区别。这些问题背后的假设认为，利他主义是一种美德：是对善的实践（有时候是最好的善）。尽管利他主义者给世界带来了仁慈，但人们关注的焦点是利他主义者和他们作为一个人所具备的性情。脆弱人群（老人、病人、穷人和五保户等）的需要足以促使我们将焦点从代理人转移到接受者；确定他们的需要是否被满足是最重要的。在当代自由民主国家中，福利国家为贫困个体的需求与同胞赠予的限制之间搭建桥梁。本章提出了一个重要的问题：一旦利他主义的事业被整理、系统化，并通过法律强制执行，那么，这样是否给真正的利他主义者留有了空间？

在第二章，我们抽象地检测了个体的判断力与对每个人无偏私的关心之间的冲突。在这一章，我们将通过慈善、正义和福利在当今市场社会中所扮演的角色的研究，更具体地探讨这一问题。我们会思考，福利国家拥有一条利他主义途径吗？换言之，福利国家将人们其他的利他动机排挤掉了吗？考察经济思想中自利的主要范式——人们生存的社会大背景——，我们审视博爱赠予的特点。通过查理德·蒂特姆斯所著的《礼物关系》一书中［(1970) 1997］的一些细节，我们提出福利的观点。蒂特姆斯的著名论断：志愿献血系统是利他主义的一种途径，被那些陌生同胞所引导的利他主义动机是福利国家的基础。其他相反的观点认为，福利主义将利他主义的动机排挤了出去。我们支持蒂特姆斯的观点：血液及其他不适合销售的物品，是当代个人主义社会中市民同情心的一个很重要的表现。对于福利大厦过于乐观，而使它不能单独建立在利他主义的同情心这一基础之上。无论市民是否有动机去做，市民满足他人的需要也是社会正义的主要任务。

利他主义与经济学家

与人们所期望的相比，许多经济学家例如斯密、帕累托（Pareto Edgeworth）和瓦拉尔（Walras）讨论了利他主义的动机。但这些经济学家的研究远离了利他主义，以斯密为例，他在著名的《国富论》中写道："我们并不期望从屠夫、酿酒师和厨师那里得到捐赠，以解决我们的晚餐。""但是我们的晚餐来自于他们的关心和他们自身的利益。"[Smith（1776）1976：26-27]斯密在《国富论》中是如何扩充他的另一本比《国富论》早17年的《道德情操论》中关于人们对他人同情心的论述的呢？这个问题已被《国富论》的译者标注为"亚当·斯密问题"（Kolm 2000a：16）。当代经济学家或许对利他主义特别感兴趣。一位作者甚至宣称："思考利他主义的经济学问题对经济学的再思考作出了贡献。"（Phelps 1975：3）尽管另一个作者对利他主义给予了更多的同情心，但他依然认为对经济学家来说利他主义行为是一件

"满载痛苦的烦心事"（Lunati 1997：50）。后者的观点或许更加尖锐，因为经济学家对利他主义的说明方式，更多的是探讨经济学的方法论而不是利他主义自身。

理性经济人的传统观念认为他们是自利的、效用最大化的。他们会选择那些会给他们带来最大好处的物品，然后他们选择去限定这些物品的范围。他们自利，但并不一定自私。理性经济人可能将他们的好处也认为是别人的好处，但他们并不为了别人而对其他人的好处感兴趣。至多，对别人的帮助源自他们自身的效能。那时，我们拥有的是全人类的个体画面，如果个体间达成了合作，将为促进他们个体效用而相互服务；一旦不能为彼此个体带来好处，他们将停止合作。这是人类标准意义上的一个空缺。

理性经济人有时对他们认为是最好的或是正确的事情起作用，但仅在作为道德名词进入他们效用作用的范围内。并没有基本的道德原则来构建他们的行为，诸如由上帝提供的、自然法则或康德（Kant）的无条件规则。致使他们选择最有利于他们自身的一系列行为的纯粹的工具理性，并不是满足外部需求甚至是合理的真实的感觉。将这一画面与第四章讨论的门

第五章 利他主义、赠予和福利

罗的发现相对照是非常有意思的,利他主义者被一种与共同的人性相联系的情感所感动。在理性经济人的世界里,没有一种物质是由于共同的人性观念而生。

当我们查看人们的现实行为时,经济学家主张的这一画面比利他主义的替换物更逼真。实际上,如经常被指出的,完美的利他主义者,他们的世界应是无条理的和弄巧成拙的。每个人只是关心他人的利益,而置自身利益于不顾。(两个自利主义者将讨论:谁将坐公共汽车中的最后一个座位,"我应在你之后","不,我应在你之后!"相比在一个更复杂的人类画面中,理性经济人在正式数学模型中也更容易应用,在人类画面中,我们对他人的承诺经常被看作是被我们的情感至少有时是作为道德所引导,是不理性的,(Monroe 1994:864-870)。美国经济学家贝克尔《家庭论》(1981)是关于这方面的经典。利他主义在家庭中比在经济市场中更普遍,因为利他主义的行为在家庭中比在经济市场中更有效。他认为(Becker 1981:299)家庭比经济企业更小,家庭在成员之间保持了一个相对更密集的联系网络,这些使其他有关的行为更容易参与。此外,婚姻"市场"试图将利他的亲属与利己的配偶相搭配,这些配偶是倾向于从他们的搭档的利他主义获利的，配偶二人从不同途径获利方面创造出一个稳定的安排。（两个利他主义者成为配偶，他们将遭遇"谁后"问题，两个都想从其他人利他主义那儿获利的人结合要比他们与利他主义者结合获得较小的效用。）贝克尔的配偶行为就如我们在第三章提到的博弈论一样；博弈论和理性选择途径对人们行为来说实质是相同的。家庭中利他主义的流行能通过关系的道德特性来解释。

有时，特别是被严格经验主义的分析支持时，经济学为社会科学的其他分支提供了对利他主义的深入调查，而不是短期行为。因此，一个作者概括到，家长将他们的女儿嫁给有钱的家庭，相当于为他们自己的老年买了一份保险（Stark 1995：8，13）。从表面来看，在发展中国家，将自己的儿子而不是女儿送到国外找一份赚钱多的工作更加理性，因为儿子挣更多的钱，就会往家中汇更多的钱。许多家庭更倾向于将女儿送出去，因为女孩更愿意将大部分收入寄回家里。因此，许多情况都使他们的父母或兄弟姐妹获得更多的稳定收入（Stark 1995：74-7）。家庭是经济学家感兴趣的主要领域，能够提供社会动机支持他们的理论。

第五章 利他主义、赠予和福利

儿子每月向家里汇款，或是一个家庭向更贫困的家庭提供供给，这样的行为看来违背了理性经济人的自利原则。但是，实际上，任何商品或行为在原则上对一个人效用的贡献不是因为完美的模型。我赢得了彩票扩大了我的受益，但我将我的收益捐献给一个孩子的家庭；这样做是对效用的吝啬。这里有一条经济学家探寻更多利他主义行为动因的途径。这条途径的不足是，它只是通过脱离利他主义独有的特点来说明利他主义：一个人帮助另一个人的愿望是出于他们自身的原因。我们都熟悉一个普遍的争论，如果我将钱给了乞丐，我是真的从他们的利益出发为动机，还是因为我们自身希望感觉更好？如果我们是因为后者，我们将失去把利他主义看作是不同现象的能力：我们不能再认为一些行为是自利的，而另一些是利他主义的，二者之间有一个连续统一体。但是在我们捐钱给乞丐和将这种行为持续下去是有重要不同的（不仅是对于乞丐来说）。经济学家试图通过解释表现出来的利他主义行为背后的不同效能来解释这种不同。例如，一些利他主义行为的动机是对名誉或其他社会支持的渴求：一个人可能希望自己被看作是博爱的。一些人试图强化自己的地位层次，例如父母对自己孩子的帮助。一些人是因为恐惧：科拉尔（Collard）列举了一个例子，雇员被迫接受"义务"工作时间，如果雇员不那样做就会受到某种威胁的暗示（Collard 1978：4-5）。名誉、地位和恐惧的共同之处是他们看到代理人采用了一个对于他们自身利益而言更具启发性的、长远的或战略性的观点，而不在于他们获得的暂时利益。

经济学家假设在社会生活中自利是个人动机，这一点是否正确？如我们所看到的问题是给一个关于自利的容量足够大的观念，能让各种行为根据它进行定义。在一篇著名的文章中，经济学家阿玛蒂亚·森（Amartya Sen）（下文简称"森"）对"界定的利己主义"这一假设进行标注，他认为这将人们的选择与他们的福利相统一，理性人不会放弃高报酬而选择低报酬的（Sen 1977）。森通过"承诺"一词来描述对低报酬的自由选择。当人们努力工作并不能完全由激励来解释时，承诺的概念就被引入努力工作的动机中。例如，付报酬或精神奖励，如对工作的满足：一个很容易对工作感到满足的人。（或许这解释了在发展中国家指导员的地位）。另一个例子是投票，遵从于理性经济观念的人们很难去解释。为什么实际上投票对结果并不起作用时，具有决定权的个体自找麻烦去投票？一个人可能被委托给一个政治政党或是委托给一个民主系统中的市民角色。森认为，解释包括委托等社会现象，我们必须关注代理人具有的两个层次的观点，他们不仅选择不同的偏好，而且考虑可替代性偏好的相对优势。从元水平（meta level）的角度来看，一个人会仔细考虑是否选择高报酬的职业，还是实现他们作为家长或雇员的应尽义务。偏好形成的元水平通过解释个体是如何思考他们行为的，在偏好和行为之间嵌入了一个楔子，为非自利的利他主义开辟了空间，在这个空间里，一个人能够分析将他们自身委托给他们使自己很难获利。与一个更接近于社会低能者的"纯粹的经济人"相比，它也指出了一个更复杂的人类画面。（Sen 1977：37）

互惠、互换与《礼物》

在社会生活中，理性经济人并不是低能的：他们可以参加到互惠关系中。如我们在第二章中看到的，互惠是一个错综的现象，因为它看起来是介于纯粹利他主义和纯粹利己主义之间的混合物。或许正因如此，互惠才在社会生活中普遍存在。人们可以给互惠一个公正的自利解释：如果我能用对于我自身来说是较低的成本，给你提供一个超过你期望的物品，那你也会这样做，这会使我们有一个很好的理由进入一个互惠的交换关系。另一方面，一个自利的人不会相信另一个人的互惠承诺，如果双方都那么想，僵局就会产生，任何一方都没有准备进行交易。一些经济学家通过将利他主义界定为对方给予的信任，实际上是互惠，来避免这个问题（Kolm 2000b）。从这个角度来看，在人们不能确定对方在交换过程中是否也会这么做时，利他主义是一种积极的牺牲。（这里要举的一个例子是，贸易联盟是付款协商的基础，接受政府对工资冻结的促进以减少膨胀。）对经济学家来说，对信任的诉求具有重大的意义，因为信任是有效市场的必要基础。互惠不需要包括市场关系，交换规律所包含的内容经常结合（巩固）深层次的社会关系，特别是当旧规则的一个元素被包括在内时。

后者的研究在马塞尔·莫斯（Marcel Mauss）的人类学代表作《礼物》[Mauss（1950）2002]中精彩地展现出来。莫斯调查了从远古到现代在许多不同社会中礼物赠予的实践。他对美国北部部落的当地社

第五章 利他主义、赠予和福利

会仪式的描述给人留下了深刻的印象，而相似的库拉①被美兰尼桑人实践。这两个典礼都包括酒宴、舞会、演讲和节日，最核心的内容是礼物赠予仪式和回赠仪式。如果一个酋长以他们部落的名义赠予一个面具或丝带，接受者必须回赠；实际上，他们必须回赠一个更大价值的礼物。莫斯的研究试图运用这些案例说明，与人类学家所相信的相比，通过人类历史，不存在不是互惠的礼物；赠予意味着对回赠的期望。在马林诺夫斯基（Bronislaw Malinowski）的《西太平洋的航海者》（1932）一书中，将在美兰尼桑岛屿中的所有交换关系分类，一个丈夫送给他妻子的纯粹礼物是一种常规赠予。但与莫斯的观点相比，莫斯认为这更像是对女性对男性性服务的回报 [Mauss（1950）2002：93]。还有许多其他的例子：如果几个月之前你的朋友没打算给你生日礼物，那你是如何思量你朋友生日的呢？如莫斯的评论者所提出的，什么使赠予成为义务？答案是：赠予创造了义务。②（Godelier 1999：11）

---

① 库拉（Kula）：美拉尼西亚群岛东南部特罗布里恩德岛民的交易制度。[土著语]——译者注

② 柯姆（Serge-Christophe Kolm）讲述了在他第一次去非洲的时候，一个村民如何给了他一块鸡肉，尽管他不需要，但这是礼物。他的向导建议他，应该礼貌地换礼。"当我发现我没什么好给的时候（我只有衬衫和相机，前者是我的必需品，后者作为礼物就太贵重了），别人又建议我说礼物可以是钱，顺便说一句，鸡肉的市场价是比较合理的。"（Kolm 2000a：14 – 15）

莫斯对礼物的研究有重要的意义。第一，它使社会赠予与经济买卖的区别变得模糊，它也让我们看到经济，作为被建立的嵌入在社会生活中的互换实践，作为贯穿于社会历史的地方性概念，而不仅是当代欧洲的创造。赠予经济和市场经济的主要区别是：

> 对公共尊敬最直接的暗示……礼物经济比市场更显而易见，物品和服务结果的分配更易于附属于公共安全和公正裁决，而不是市场交换的结果。

（Douglas 2002：xviii）

第二，莫斯指出了互惠礼物的赠予加强了社会的联系，促进了社会整合。酒宴和库拉的具有很强的象征意义，并包含"交换者的全部社会人格"（Davis 1992：7，78-79）。霍布斯认为社会是个体之间的战争，这一观点被莫斯批判，如人类学家马歇尔·萨林斯（Marshall Sahlines）所说［Sahlins（1972）2004：71-83］，战争被在每个人之间每件物品的交换所替代。这是一个比霍布斯和经济学家描述的更友好、更社团主义的社会生活，莫斯表示社会整合能兼容不同

第五章 利他主义、赠予和福利

层次声望和地位的人。如我们注解的,受益人有义务回赠比他赠予的更大价值的礼物(市场经济与礼物经济进一步的区别)。如果一个首领不这么做,那他将没面子,并欠下赠予者的债。尽管服务于整合各部落,但酒宴和库拉都描绘了一个为社会优等而战的永久的争斗——充满讽刺意味的是,这一点早已被霍布斯在他探索将名誉作为冲突的起源时所预测到[Hobbes(1651)1996:88]。无论如何,对市场经济的反思将证明,礼物互换没有实质性的内容,它只是敌对的和对抗性的。在一定的环境中,当参与相互交换行为与互利相结合时,柜台里的礼物和最原始的礼物具有相似的价值。当两个男人,因为其中一个娶了另一个男人妻子的姐妹而使二人在法律上变成了兄弟,这使他们达成了一个相互援助的强合同,他们之间将分享一些物品,同时他们之间也存在着争斗,等等(Godelier 1999:41)。莫斯认为,如果礼物互赠能因遗传和不平等而继续下去,互利交换能更加稳定,且在精神上更倾向于此。

慈善、赠予和正义

莫斯的研究存在一个问题,从社会生活中把利他主义删除掉看起来是危险的。礼物的接受者越觉得他们有义务回赠礼物给受益人，我们就觉得受益人的真正的利他主义动机越少。我们从回赠礼物上很难看出利他主义的动机。而且，期待礼物回赠很难看出是利他主义的。如我们在最后一章所看到的，利他主义者将自己看作是与一个共同特性相关的，具有强烈的移情作用、怜悯、同情。真正的利他主义者不仅拥有最初的将物品给他人的情感，他们还想成为部分物品的创造者，利他主义不仅把一些基础的社会竞争卷了进来，也将一些"纯粹的自主人"引了进来；真正的利他主义者致力于成为提高他人生活的源泉，而不仅仅是遵守者。在大多时间，大多数人只是互惠的利他主义者：我们希望贫困的人得到帮助，但我也希望其他人能共享这些帮助（Miller 1989：113）。但是，无论我们是哪种利他主义者，我们都会遇到这样一个问题，在当代社会，我们没有将那些最需要帮助的人与社会相连。在利他主义者和受益者之间也有很多慈善和博爱组织，作为国家正式的福利机构。我们会马上想到后者，国家正式的福利机构——慈善机构，满足了人们无数的急迫的需求；但或许比后者更多，他们被那些负责任的、热情的人们所供给；而且他们帮助划定了利他主义的范围,使其更加普遍。

美国拥有世界最大的且最发达的捐赠机构。美国的国民由于不同的原因,基本上都是捐赠人。捐赠是机械化的,捐赠通过工资本自动地从工资或报酬中扣除。美国的社团有着一个悠久的且古老的慈善事业历史。著名的慈善基金会如福特基金会、卡内基基金会,更近的有比尔与梅琳达·盖茨基金会,在21世纪早期就已建立(Anheier and Lent 2006)。这些利他主义行为一直都存在,向最脆弱的人提供非常微不足道的和最基本的福利同样有着历史悠久的传统。英国一样也拥有大范围的博爱组织,如郎特里基金会已经走上了一个与众不同的轨道。慈善事业是从19世纪后期开始蓬勃发展的,通过建造医院、孤儿院、慈善学校,建造房屋(社区中超出社会工作的基础),社会帮助堕落的女人,社会提高服务阶级的道德水平,等等。"受过高等教育的中等阶级的改革家,给他们的道德焦虑和能量一个可以模仿的发泄机会。"(Ryan 1996:76)在1869年,慈善组织社会(COS)建立,以满足社会需求,组织慈善机构力量,并帮助他们使用捐赠的钱(例如,避免资源重复浪费)(Ryan 1996:92-93)。今天,我们可以看到覆盖福利国家的慈善组织社会所做出的大量工作：建立一系列专门赠予慈善机构。尽管如此，赠予时间、金钱和其他礼物，是大量市民继续去做的。关于博爱行为的研究已经发现，这与一个人的收入和教育是密切相关的（Mansbridge 1990：260）：收入越高的人对慈善事业的投入越多（尽管有的研究认为，收入越高的人对慈善事业的投入会越少），受教育程度越高的人越愿意成为志愿者——当然，有些人并不符合这两个种类（Ferguson 1993）。老年人比年轻人捐献出更多的时间和金钱（或许他们拥有的更多）。另一个重要的解释变量是宗教：宗教信仰者付出的要比无宗教信仰者多，但是宗教信仰者总希望把他们所捐助的直接捐给宗教机构而不是非宗教机构。这在美国是如此真实，能有超过一半的宗教信仰者把钱直接捐给宗教机构（Schokkaert and van Ootegem 2000：93）。

最后的事实使我们认识到，慈善行为与个人的身份有密切的联系；社会背景是由社会前进的趋势形成的，社会前进的趋势是 A 类型的人支持 B 类型的人的目标，因为与其他目标相比他们认为 B 类型的人是有价值的（O'Connor 1987）。这至少是我们解释慈善现象的方法。相反地，理性人的观点强调在个人赠予的过程中,给予礼物就像买东西一样,都是购买愉快的过程(Davis 1992:16)。例如,献血人的理由(我们即将仔细考虑的一个现象)。献血将花费他们一些时间,一点疼痛,等等。但是:

> 作为回报,他们得到了一杯茶,与友好的心怀感激的医护人员交流,内心很放松。他们做了一件好事,对那些未知的不幸贡献着自己的力量……因此,献血的人是得益的,他们的付出少于对他们的回报。
>
> (Davis 1992:15)

接受这样的观点,能够改善市场化血供销系统的途径:用金钱为血付款,只是更加现实、更加具体化的获取利益的一种方式。如戴维斯(Davis)有说服力的观点,"愉快的购买"暗含的意思是第三者对在献血和其他慈善事业中发生的描述:并没有记录代理人他们自身是如何理解他们的行为的(Davis 1992:16-22)。一个妇女捐献了她的积蓄去帮助116个孩子的家庭,这个妇女在1966年的艾凡伯矿难中死亡,当时泥石流袭击了该妇女所在的学校。"我是为了买件新衣服而攒钱,我的天呀,我想攒的越多越好。"(cited in Davis 1992：17)"这个妇女为自己赢得愉快很不可能。"他评论："她被她的信念所驱动,痛苦着别人的悲伤。牺牲了她的衣服,继续希望自己能贡献更多。"(Davis 1992：17)。戴维斯的观点与森的观点是一致的：买一件新的衣服是这个妇女认为的能够赢得最多福利的途径,把钱捐出去是这个妇女认为她可以做的；她有帮助丧失亲人的家庭的承诺。

真正对慈善的批评是道德上的,我们是否接受理性选择这样的解释还是我们简略勾画的更社会化的草图。对它的批评是人们所决定支持的,并没有跟随真实的社会需要(De Wispelaere 2004)。例如,应该的贫困和不应该的贫困之间的区别,在19世纪后期有一个划分很盛行,这个划分试图恢复撒切尔的拥护者在19世纪80年代英国对福利国家的攻击。支持划分的价值是个体自由、个人责任和对道义组织的责任。无价值的穷人的个人特点可以是由于可预知的社会条件引起的,社会使他们感觉自己：低工资、不用脑子的工作,并经常因没意义的大量失业而共同激动、简陋的房屋、分等级的社会结构,等等(Ryan 1996：91)。认同后一观点的人可能会认为只想着帮助那些应该受援助的穷人并不是完全慈善的。

一个伦理哲学家写道:"没有私人慈善的社会""将会是一个无力的社会,因为这个社会缺少发起慷慨行为和乐善好施的同胞感情的要素,这些是人类共同体最宝贵的方面"(Gewirth 1987:78)。那可能是真的,但慈善行为和公平的正义并不是一回事,它与现实相违背。的确,从历史的角度来看,对穷人和弱者需要的满足,这一趋势日益强烈;将我们的这些任务看成是一个正义问题而不是一个慈善问题;并通过越来越多和越来越大的慈善机构来使这些任务制度化。20世纪英国发展成为福利国家就是一个很好的例子。布坎南(Buchanan)认为,"道德进程涉及很大范围,它包含正义在慈善范围内的扩充"(Buchanan 1996:99)。然而,如果情况是这样的,为利他主义留下的空间就不是很清晰。利他主义的那些明显的优点,如同情、怜悯、仁慈和慷慨的行为等,在社会实践领域并没有被看到,社会实践领域本应是利他主义繁荣的领域。从这方面来看,主张最小国家、个人自由和自给自足的新权拥护者们有了立足点。他们试图成为兴旺的慈善部门的热情提供者,这是因为两个相关的原因:第一,仁慈的赠予协调着社会需求与个人自由，因为它撤销了包括税融资在内的强迫——个人能决定是否向他的同胞进行赠予；第二，如果我们选择赠予，这一行为就加强了利他主义的同情、怜悯、仁慈和慷慨的行为等优点，这些优点可能被巨大的、官僚主义的福利国家大厦所遮盖。但是，那些在一个缺乏供给的国度里，贫困者必须通过自助增强自身的独立性和自信心：他们没有选择，他们只能变成应该受救助的穷人。"我们需要正义与福利之间的区别以帮助我们区分什么是可以归还的，什么是可以自由赠予的。"他补充道："使这些美德在人与人之间更积极地被体现"（Den Uyl 1987：202）。

　　从历史角度来讲，正义和慈善的区别不是很固定。在一个有趣的小论文中解释到，关于这两个观念关系的进化轨迹，施尼温德（Schneewind）解释了中世纪的哲学家对培养穷人的精神状态非常感兴趣：如果我们帮助了穷人，这种帮助将使他们从道德困境中走出来（Schneewind 1996：54）。这一观点是基督教义的一部分，这一观点教育我们应该爱我们的邻居：我们应该关心他们的福利，并努力去尽量减少我们自私的行为。如我们在第一章中介绍的，18 世纪，如赫起逊和休谟等道德学家也非常关心我们的利他主义

第五章 利他主义、赠予和福利

和慷慨行为的动机(至少是潜在的)(Schneewind 1996：63-65)。大约在相同的时期,如施尼温德解释道,人们开始拥有这样的观点,富裕的人有责任去帮助那些贫弱的人。一旦这些责任成为制度化的,并以税收为财务支撑,这就变成了一种社会正义,而很少涉及利他主义。

普罗查斯卡(Prochaska)关于"自愿的冲动"的研究促进了"福利多元主义",这被运用到一个日益繁荣的结合着地方决策、博爱和自助的部门,"福利多元主义"将融于一个依靠满足市民福利需求的政府,通过提高政策以培育地方新加入的志愿者(Prochaska 1988：3)。我们的问题是,实践中对这一描述的准确性,是否在正义和慈善之间提供了一个基础性的二分法①,并在理论上得到支持。葛维慈(Gewirth)的一种支持性的观点认为,通过关注一些重要的事情,个人的博爱可以供给国家融资的福利,虽然,尽管这些重要的事情不涉及性命攸关的福利领域,但是,这些(性命攸关的福利领域)是超出了我们能够负责的社会正义范围,例如,智力的和美学

---

① 值得注意的是,功利主义认为很难对正义和慈善进行划分(Ryan 1996：77);但作为弱的功利主义,它可以有一个符合直觉的划分。

的文化（Gewirth 1987：77）。基于这一观点，例如移民福利联合委员会（JCWI），将在政府中设立（在一个理想的国家，国家如果真正能够正义地对待移民，就不需要移民福利联合委员会去检验国家的行为），同时，英格兰乡村保护运动保持独立。无论如何，这看来都是一个弱的观点。如果物品真正满足了人们的需要，那拒绝它给任何人都是不正义的，那么，物品潜在的互惠将需要一个合法的保障，保障物品能够被提供；只有拥有法律机构的国家能够提供这样的保障。物品只是满足了一些人的需要——能够通过志愿组织被满足，但这也限制了慈善利他主义的范围（Brody 1987）。

对正义和慈善的划分仍然是符合直觉的。但批判的观点认为，在一个文明的社会中应该拥有制度化的福利，我们认为对福利物品的慈善供给之所以能继续，主要是由于四个原因。第一，志愿部门的工作人员他们的工作更加接近当地社会的现实需要，志愿者在发现和辨别新需求时扮演着重要的角色，而这些需求往往是国家容易忽略的。国家将会知道城市贫困人口的财力水平，但第三部门是提高城市贫困者收入水平的实践者。例如，首先要发现肺结核的蔓延，其次，如布罗迪（Brody 1987）所建议的［登艾尔（den UyI）所首先提出的］，国家的角色是在市民中鼓励利他主义行为，通过给市民们一些空间，使得个人有实践善行的机会，进而完成国家的这一角色。实际上，国家可以做得更多，通过免税以激励慈善行为——在美国是很常见的——国家能够鼓励没有强迫的志愿赠予行为。第三，广泛传播的慈善和志愿行为包括相关的发展得很好的社会组织和社会机构，是市民社会非常重要的一部分，为市民提供有价值的公共物品，对国家的力量起着一个平衡调节的作用。例如，犹太人的节日主要是由犹太人的慈善福利，而不是由地方委员会组织的。第四点是明显的，但有时是被遗忘的事实，那就是并不是所有的福利都是可以被制度化的。普罗查斯卡说明，在英国，由国会负责的弥森委员会在1952年调查了英国慈善机构的性质和范围，"揭示了没有公开的邻里关系和家庭友好之间的链接"，并总结了这些慈善行为可以得到"令人满意的社会关系"（Prochaska 1988：8）。之前有这样一个观点，如果一个物品对人们非常重要，那么应该保证该物品的供给，必要地援引法律的支持，但以上提的这四点放在一起，并不能给出一个使原来观点认同的答案。但是,他们将讨论放入到了一个更加复杂的社会现实背景中,在这里加进了一些道德因素的考虑。他们强烈建议,慈善/正义部门应为当代社会利他主义的表达提供有效的协商途径。我们将在本书的最后一章回到该观点上来。

礼物关系

理查德·蒂特姆斯在他的社会政策代表作《礼物关系》[(1970)1997]中,提出了关于利他主义与正义关系的不同看法。蒂特姆斯是伦敦经济大学的社会行政学教授,在《礼物关系》出版之前他已经是一个世界著名的社会政策学家。《礼物关系》一书在1970年出版,是蒂特姆斯一生著作中的学术顶点。如蒂特姆斯的其他著作一样,该书也是以第二次世界大战后福利国家上升为背景的。实际上,英国的福利有一个很长的传统,当然,早在"二战"前就存在。在1572年,颁布了第一部不是很完善的法律,该法律强制地方社会地位较高的人去帮助贫困的人;在我们看来,在维多利亚女王时代的中产阶级,他们的慈善行为是过时的;在1906—1914年,自由党政府引进了一条有限教育、住房和体恤金提供的改革路径，采用这一政策是为了巩固英国的经济地位，同时也是由于工人阶级支持的工党的出现（Page 1996：17-59）。第二次世界大战是一个转折点，它加强了不可区分慈善和正义这一困难。社会上所有受苦受难的人们都有一个共同的经历，简单地划分社会等级和财富，在战后调节时期更加呼吁国际化的、没有选择的、没有条件的和平等主义的社会利益（Titmuss 1950；Dryzek and Goodin 1986；Page 1996：60-94）。这在1945年大选中工党政府的政治表达里可以发现。蒂特姆斯希望福利国家戏剧性地扩大，以使20世纪早期工人阶级社会的一些好的事情（比如相互担保）能够被制度化，从而保持他们的道德和公共精神（Jordan 1989：79-80）。《礼物关系》一书的主题——对脆弱的献血的保护，由此，需要将讨论深入到蒂特姆斯对更普遍的社会社团主义福利国家的探讨中。

在1968年，右翼分子智库经济事务委员会出版了一篇题为"血液的价格"的一篇小论文，该论文主要探讨了在血液捐赠中的有偿付费系统（IEA 1968）。如经济事务委员会提出的，对献血者进行一定的费用偿还,可以鼓励越来越多的人去献血,有助于保留那些已经献血的人,能够使医疗机构更好地将血液供求调节,因此,减少损耗和提高效率,血液可以也应该像其他经济物品一样作为商品来对待。蒂特姆斯的目的是驳倒这种观点。他担心,血液的商业化能够导致其他所有福利物品的市场化——医疗、教育、社会安全、养育照顾等。

> 所有的政策最终都会变成经济政策,唯一的价值是这些物品可以用金钱来衡量,并追求某种享乐主义的辩证……取消陌生人对赠予的道德选择,会导致一种意识形态盛行而其他所有意识形态消亡。
>
> (Titmuss [1970] 1997:58)

尽管蒂特姆斯对该问题是这样建议的,蒂特姆斯的主要目的是为志愿献血者的美德而辩,他相信,没有市场化的捐献体系比一个以付费为基础的捐赠体系更有经济效率。这一结论的产生是基于对英国捐献者大范围的调查,而且,这些数据与美国的有效数据进行了对比。在美国,献血数量的增加主要是由于19

第五章 利他主义、赠予和福利

世纪60年代关于市场的一些法律。捐献者捐献他们的血液是为了避免因用血而收费——他们或他们的家庭成员较早收到的"负责任的费用"。"家庭信用"捐赠者捐赠血液,将其看作一种保险金:为了偿还他们的捐赠,可以保障他们或他们的家庭在其献血当年对于血液的需求被保障。这两种类型惠及了美国一半的捐赠者。这两组人由更贫穷的市民和他们的捐赠动机组成——包括相互交换关系在内——是首要的经济;任何一组都不是自发生成的利他主义的例子[Titmuss(1970)1997:136]。有超过三分之一的美国捐赠者,在大城市里直接通过市场将血卖给医院商业和商业血库。这些捐献者中的大多数属于最脆弱的社会群体,因为他们更希望看到他们的血液成为现金的来源。因此,许多献血者都是失业的、低收入的或是黑人。而且,占有很高比例的是草根阶级(如蒂特姆斯所描述的),"大麻吸食者、说谎者、堕落者、失业被遗弃者、吸毒者、流浪者、姓名不详者、营养不足者、不洗澡的、乞丐、皮条客和酒鬼"(168-169)。在19世纪60年代,一个新的阶级出现,蒂特姆斯总结为:"被开发的高产血人群"(172)。

蒂特姆斯强调,暂且不考虑该情况面临的道德问题，美国的血液市场比自愿的系统更加浪费和更加无效。那些卖血的人试图拼命赚钱，并经常被病痛、毒瘾、酒精中毒和接种疫苗的折磨，而所有的这些又使他们失去了捐赠者的资格。因为血液供给对于医疗机构并不公开，也就是说，医疗机构并不知道血源——不这样做是为了不抑制潜在的捐赠者——人们也更容易获得坏血（例如传染肝炎），使他们自身的健康处于危险之中。商业系统中健康机构必须承担辨别是好血还是坏血的行政成本。这一行为往往在刚官僚化的机构中而不是在志愿组织中发生，检查血液提供需要很昂贵的成本去运行。蒂特姆斯估计在美国要比英国贵5至15倍的价格去收购血液。而且，血液的接受者还要去承担如果传上坏血所要花销的起诉费用。

除了对蒂特姆斯同情心的肯定，对蒂特姆斯观点的一个批评是，这些提议并没有经得起时间的考验（LeGrand 1997：334）。英国志愿组织的行政效率与美国的商业体系相比，可以只是简单地归纳为对两个系统实施的特殊方法。理论上讲，人们一定会希望以市场为基础的血液系统来满足供求，避免短缺和剩余，并减去非必要的官僚开支（Arrow 1972）。但是，蒂特姆斯经济的观点可能过时了，这些观点不再是主

第五章 利他主义、赠予和福利

要政治纲领,而是要建立一个商业化的血液系统。《礼物关系》一直被阅读和讨论的原因是蒂特姆斯所提出的支持志愿献血的强有力的道德例子。

对于蒂特姆斯来说,血液捐赠是特有的利他主义,因为对于赠予基本没有任何实质性的奖励(只是一杯咖啡和一块饼干),不赠予也没有任何惩罚,总之是因为它对于不知姓名的陌生人来说是象征性的生命礼物 [Titmuss(1970)1997:127-128,140]。通过表达他们的信任,认为那些陌生人在自己需要血液的时候他们会赠予同样的礼物,对于献血者是否献血的选择,是一种"创造利他主义"的行为(279,307)。相对而言,多数的利他主义取代了人们与一些先前的社会之间的联系:妈妈与孩子、封建君主和农奴、移民与本地居民等。相对而言,一个人的血液可能在不同年龄、性别、工作、收入、社会阶级和宗教信仰者的身上循环流动。这使血液变成了一个非常有价值的礼物,血液不仅仅是象征性的,对人的生命也是至关重要的。血液的捐赠释放了人类最多的利他主义动机,并将被市场化带来的不平等所标记的一个陌生人的社会和社会的其他部分联系到一起。血液捐赠者内在责任——人们应该帮助他们的同胞——能为整个福利国家提供一个道德基础。

被全国输血服务中心采纳的蒂特姆斯的研究将捐赠者按年龄、性别、婚姻状况、收入和社会等级分类，这大体上代表了整个社会，为他的论文提供支持的基本观点是，认为血液捐赠对于陌生人来说是一个利他主义的礼物。另一方面，当捐赠者被问到他们献血的第一动机是什么，他们的回答是各式各样的，说明他们有着不同种类的动机［Titmuss（1970）1997：293－302］。例如，大约10%的捐赠者他们的动机是互惠。他们认为他们应该回赠捐献给他们或他们家人的那些血液，或者是他们预知有一天他们或他们的家人需要血液，希望能获道德信誉。有30%的捐赠者是回应他们家人、朋友或是媒体的呼吁；他们的答案更难去分级，当他们被其他人问到是否有什么动机时，献血本身就是一种动机［一个女人回答，她是被她的丈夫强迫来的（300）］。其他人感恩他们拥有健康的身体（1.4%），却并没有一种责任的感觉（3.5%）；因为他们意识到有对血液的需求（6.4%）；或是因为他们从第二次世界大战时就养成了这一习惯（11.7%）；其他的答案等。所有的这些动机对于构成为利他主义都是不必要的。尽管蒂特姆斯界定了这些问题,但他认为有26.4%的捐赠者是利他主义者。一个人写道:"我知道我对挽救一些人的生命会有一些帮助。"另一个人说:"我觉得这是我为人类能做的一点贡献。"[Titmuss(1970)1997:293]但是,当上面提出的其他一些动机也被包括在内时,特别是对血液短缺的责任和认识,对呼吁和互惠的回应——将互惠理解为信任,其他人也会这样做——如果人们对其他社会成员的社会责任拥有这样高度的情感,超过80%的捐赠者就会被看作是利他主义者(302-303)。利他主义者拥有现代福利社会的市民所应该有的各种动机。

《礼物关系》这本书与一个强有力的道德产生共鸣,任何看到它的人都不能避免对它的仰慕,除非之前被人说服。但是,蒂特姆斯自己并没有在时时处处分清他的观点和他将进行的行为之间的区别。除了他关于"一个市场化的血液供给在经济上是低效的"这一错误判断之外,三个对自愿捐赠的非市场化道德观点是可以获得支持的(Le Grand 1997:333-334)。蒂特姆斯相信,一个商业化的血液供给系统是不公正的。从美国我们能看到的,社会中更穷的、更脆弱的成员认为献血是将他们生命攸关的资源拿走，给那些更加富裕的人，这些人很少会成为捐赠者。但是，这一观点需要仔细分析。毕竟，卖血者不像一个献血者，他们会以金钱——一种与血液同样重要的资源——为回报。而且，他们所捐献的血在很短的一段时间内就会被人体造出来，又可以使他们再一次去卖。卖血是真正自由的选择，无限延长偿还期限也不会受到任何惩罚——并不像工人必须接受不足维持生计的工资。在一个社会中，草根阶层艰难地满足富裕阶级在血液方面的需求时，他们在道德上是令人钦佩的，很难判断那是开发的资源还是不正义。

相反，蒂特姆斯的第二个观点是更加具有推动作用的。因为"利他主义的可能……实质是人类的一种权利"，他写道："这本书是关于自由的定义"[Titmuss（1970）1997：59]。对于赚钱的和不赚钱的血液收集系统的选择实质是一个自由问题。他问："人们是否有卖血的自由？""这种人们献血或不献血的自由是否应受到限制？"（59）。他认为，表面自由的市场使人们献血的自由黯然失色。他认为："政策使人们将血献给陌生人成为可能。他们不应该受到市场限制和强迫。"（310）但是从表面上来看，这一观点没有意义。市场化的血液供给系统一定能提升自由：

它将给人们提供卖血这一新的自由,同时保留了献血的自由(Arrow 1972:349－350)。如果市场给了人们卖和赠的选择,就很难说这是强迫或是限制。但是,蒂特姆斯的观点更加细致。血液的市场化能够侵蚀人们的利他主义的捐赠动机。因为如果能够卖血很多人一定都会选择卖血,当一些人看到其他人在卖血时他们很难去献血。赠予给陌生人的自由比卖的自由更有价值——一个创造利他主义的行为,有助于形成更广泛的共同体。因为市场将逐出利他主义的动机,从这个意义上讲,那将降低自由。如辛格(Singer)所提出的:"没有干涉市场的决定与干涉市场的决定对于个人的选择起同等的作用。"(Singer 1977:164;see also Singer 1973) 这一观点似乎更加合理,但是仍有几位学者对该观点有不同的理解。最早是经济学家肯尼斯·阿罗(Kenneth Arrow)批判道:"蒂特姆斯的观点没有任何经验证据或理论分析的支持。"(Arrow 1972:350－351)。为什么血液市场会降低更有价值的自由所赋予的功效呢?第二,如一个当代自由主义学者指出的,如果一个血液市场并不依赖一个捐赠系统,那么参加后者能够更容易说明他们的慈善、慷慨和同情心(Machan 1997:252－253)。

利他主义的优点在难察觉的经济的现实主义的土壤中更能美丽地绽放。物品的确是在市场中被售出，并被社会赋予了更多非市场的价值：性别可能是最好的例子（Lomasky 1983）。

尽管蒂特姆斯是这样论述的，但他反对血液市场的基础案例与自由无关。他前面的三个观点只是序言，他的中心论点是市场化的血液供给系统使同胞间的关系缺乏道德（Archard 2002）。血液现实地和象征性地帮助延续生命。血液在人们之间脆弱的、非强制的和无报酬的交换，有助于陌生人之间的联系，最终将他们整合为一个文明的人类社会，在这个人类社会中展示了社团主义的团结、友好等优点（Page 1996：94-102）。在蒂特姆斯的观点面世几年后，加拿大的一个相关研究发现，那些对当地社区缺少归属感的人是那些不愿献血的人；相反地，那些经常献血的人有着强烈的公共责任（Lightman 1981），得出这样的结论显然就不足为奇了。如血液在人体内循环来供给器官，使器官能够作为身体中的一部分起作用一样，血液在社会中的循环来供给社会，使社会成员乐于享受与同胞之间社会关系的道德特性。当然，这样看来有点夸大其词。毕竟，只有4%的人是血液捐赠者。但是蒂特姆斯坚持这一观点，他认为正式化的礼物交换系统在现代社会的减少使市民所使用的表达利他主义的途径更有价值（Titmuss 1997：290－1），尽管我们要说并不是所有的市民都使用它。更重要的是，他将血液捐赠放到了他的普遍的社会社团主义的讨论背景中来讨论福利国家。这在蒂特姆斯《礼物关系》这本书中阐述得并不清晰，但是，这本书给任何阅读过它的人留下了深刻印象，而且与他的其他作品的观点是一致的。例如，在他的1968年《福利承诺》这本书，蒂特姆斯提出的福利国家的目的是提高市民的尊严和提升他们的自由、公平和自由社会整合。相比较而言，私人的慈善可能永远都伴随着歧视和瑕疵，而且当与选择相连的时候，换句话说，不普遍的福利供给对于福利接受者来言，"地位、尊严和自尊心的丧失是一件丢人的事"（Titmuss 1968：129）。

因此，从根本上说，《礼物关系》是关于两个社会景象的道德价值的一本书。一方面，有一个利他主义的道德市场社会，它使自由和选择成为可能（价值中立），而且使自由的个体从私人福利积累的束缚中解脱出来。另一方面，有一个社会主义者的社团主义社会,在这一社会中社会政策不仅简单地满足市民的需求,而且更普遍地履行道德目标:共同体、尊严、平等和广泛性。血液在一个社会中能被买或卖是真实的,这个社会中市民的福利需求被全体的供给和自由的分配满足。(例如,由英国政府所设立且资助的全民健康医疗服务机构是市民的血液的唯一买方,它的分配只依赖于普通的税收,而没有其他的收费方式。)①但是蒂特姆斯担心这会产生一个多米诺骨牌效应。如果使血液捐赠商业化,并将血液作为一个商品,那么其他的福利物品也会如此[Titmuss(1970)1997:263]。辛格支持蒂特姆斯的观点,"这一观点经验性的证明指出利他主义的抚养者将增加利他主义"(Singer 1972:319)。我们在最后一节中将重温这一部分的论证。蒂特姆斯的观点认为,我们应具有一个有道德的利他主义循环,来取代多米诺骨牌效应。其他人赠予的经历将鼓励市民内部赠予;当他们满足别人的需要时,他们自身的需要也将被满足以作为回报,市民将渐渐将他们自身作为一个公共道德共

---

① 哈里斯(John Harris)认为这样的方案可用于肾脏捐献,见 John Harris(2003). Gifting organs is no different from their sale, *The Guardian*, 5 December.

同体的积极的成员。

蒂特姆斯的《礼物关系》的核心思想并没有认识到，这样崇高的情感并没有驱散矛盾的事实。一方面，他解释血液赠予是纯粹的、免费的礼物赠予，是一种真诚地"具有创造性的利他主义"行为，这种特有的利他主义的形成是因为它是客观的。"对不捐赠没有个人的、可预见的惩罚。""社会不会强迫人们去同情、怜悯或内疚"[(1970) 1997: 74]。另一方面，他将献血看作是一个能培养社会整合的交换关系。例如，他把莫斯式的感情表达为"赠予就是接受——强迫回赠或创造责任"(277)。蒂特姆斯希望，当实质的道德责任在社会得到广泛重视的时候，会提升一种共同体情感。但是，一个礼物与一种交换并不同（Harris 1987: 70-72）。蒂特姆斯坚持认为，血液是一种礼物，因为他对自由市场者充满敌意，自由市场者简单地认为对血液付款，是精神上的回报，也会提高经济效率。血液是人性：它超越了资本主义的金钱关系。但是，为了支持他的社团主义的观点，福利国家作为一个被普遍化的互惠安排，蒂特姆斯必须说捐赠者有道德权利、社会期待和回赠的"礼物"。但问题是，在市场和共同体的理论核心上，尽管它们有本质的区别，却都有一个对交换的批判概念。或许至关重要的交换/礼物概念的区别被忽略的原因是血液捐赠的匿名性。我对朋友的帮助只是一个礼物。在我的观念里，会有一些互惠资格的想法，但如果我有所求，而且不会对朋友的袖手旁观感到失望，那么看起来我才是真正的利他主义者。人与人之间各种形式的交换关系构成了朋友之间的关系；如果你喜欢，你可以选择其他形式的关系，并赋予关系特殊的性质和本质。但是血液捐赠的非自私性，加上不知道是否和什么时候他们自身需要血液的事实，很难说捐赠者的血液被他们理解为一个礼物或是一种交换。如我们所看到的，当蒂特姆斯询问他们的时候，他们回答了各式各样的动机，往往很难在利他主义—互惠—交换连续统一体中分类（Page 1996: 98 - 100）。

利他主义，福利和责任

互惠和交换的观念似乎为福利国家提供了某种基础，我们将在下一章中对其进行讨论。但是，利他主义是否对国家福利的正义分配起到很大的作用，这还是一个有争议的问题。在蒂特姆斯的书中支持了莫斯的观点,实际上莫斯对福利国家的观点是出现在《礼物关系》的最后,莫斯的广泛的人类学调查的大量证据被用来作为文章的注释——并不是对利他主义的论证[Mauss(1950)2002:86-105]。正如岛民(Trobriand Islanders)喜欢复杂的赠予和回赠礼物的社会关系,所以,莫斯的观点是,在法国战后不同的社会阶层彼此之间有互惠的责任。特别是,工人阶级生产的财富,他们为社会贡献的与获得的回报是不成比例的,回报是他们产出中很小的一部分。莫斯的观点是,那些富裕的同胞有责任以补偿失业者的利益、病假津贴和体恤金等形式进行互惠。只有在赠予和回赠的实践深入到社会中并固定下来,社会才能进步。莫斯解释到,工人阶级不能要求太多,在中产阶级受益人评估回赠他们欠下的礼物的过程中,他们不能低估工人的贡献。"拿走了多少就要归还多少""所有人都应该过得很好",这是莫斯引用毛利人的格言[Mauss(1950)2002:91]。

然而,我们应该考虑那些无论收到的回馈是什么、是多少,都要献血的人。我们想要建议的真正的利他主义者是一些自由的、在某种意义上说是非利他主义的人;他们更多选择了那些能让他们成为名副其实的利他主义者的慈善之路。如果太多的市民表现出一种非利他主义的情感，不情愿满足弱势同胞的需求，那么，国家有责任满足那些弱势同胞的福利需求，国家可能会使福利物品的供给制度化。无论多大的一个国家都将通过税收使这一政策实施，通过培训过的专业人员将福利自身进行传递。然而，税收的本质既不是免费的也是不需支付的。如果有资格向同胞提供福利物品的纳税者缺乏自由，那么，我们很难把他们看成是利他主义者（Harris 1987：65；Seglow 2004）。

如果人们（假定）已经选择了去完成法律赋予他们的责任，那么这里就不会有什么问题。但是，这并不是人们通常思考利他主义的途径。我们认为，利他主义应涉及一个人帮助另一个人的动机；利他主义者对他们的受益人的需求和弱点会作出回应。利他主义者和受益人拥有一个直接的关系，这一关系并不是由外部关于利他主义者应该怎么做的道德来调节和建构的。当蒂特姆斯说献血属于极端义务的范围时，我们相信他的想法［(1970) 1997：279］；这一观点也是与乔丹的观点一致，乔丹认为利他主义者能够包括那些同情心膨胀且超出其当前社会角色的那些人（例如，当我第一次帮助陌生人时)(Jordan 1989：169)。这一观点似乎很难与平常以社会角色定义的利他主义的观点保持一致；例如，在父母与孩子之间，或19世纪被克鲁泡特金（Kropotkin）在他的《互助论》一书中传奇化的俄国公社的村民之间［(1910) 1987］。在后面那个案例中，我们认为被包括在内的不是纯粹的礼物，而更多的是一种交换。村民互相帮助，在实践中每个人都会轮流被帮助。但是，利他主义是否包括回赠礼物，一个人越是仅仅满足他们社会角色的要求，他们的行为就越不是利他主义的。家长照顾孩子的理由比起"因为他们认为他们应该这样做"而言，"考虑到孩子的需求"这一想法更利他。毋庸置疑，大多数的家长都考虑了这两方面的原因。但是，当代符号化社会的市民主要通过非个人的、法律的渠道满足彼此需求，该渠道为他们公正地规定了制度化的角色。这些渠道缺乏利他主义需要的判断力。当我顺便看望住在对门的老人时，我是利他主义的，充当了一个好邻居的角色，但我也创造了这一角色，它体现了利他主义创造性的一面。当我的税金资助了他们的体恤金时，我却不是利他主义者，或者很难说是。

我们很早就用社会角色——或在行为上超越社会

角色——的创造力来定义利他主义。我们相信，在这一空间中会有最多利他主义行为发生。法律定义的公民权是一个照稿宣读的社会角色。毋庸置疑，一些市民（至少在一些时候是他们全部）用他们交的税援助社会中的老人、青年、病人和失业者，也就是给予资金上的支持。但这种联系还是可以通过别的途径发生。通过全身心的赠予，我们要展示出"没有人是一个孤岛"，而且实践反驳经济的个体理性的看法。当赠予合法化、制度化时，尽管在道德上是值得称赞的，却也不过是一点岛民心理的再现罢了。

第六章
利他主义：人类未来的基础

探究利他主义之旅引领我们涉猎了一系列不同的学科，其中包括道德哲学、进化生物学、社会心理学、经济学和政治学等。作为一种现象，利他主义渗透到人类行为的不同领域。然而，这些学科在研究利他主义时所采取的视角却大相径庭。不同的学科不但有不同的关注焦点，而且常常将在其他学科看来颇具争议的结论视作理所应当。从相反的角度说，每个学科又时常质疑已经被其他学科无保留接受的假设。比如，经济学和进化生物学倾向于把人类看成是对他人利益漠不关心的无道德动物；社会心理学认为人类作为一种物种，不可能系统性地进化出利他主义的动机；与之相比，政治学则不遗余力地寻找历史和文化因素来解释人类的利他主义行为。诚然，不同学科研究问题的视角存在差异，这本不足为奇。但如果我们想运用这些不同的理论方法来理解利他主义，不啻向许多人问同样的路，却得到一连串不同的答案。

在本书的末章中，我们将再一次聚焦书中已经讨论过的三个问题。与之前的讨论不同，本章将着重分析不同的学科视角之间如何互相挑战和质疑。这三个问题分别是：第一，从进化论角度来看利他主义之善；第二，利他主义所带来的自由裁量空间和道德的无偏私要求；第三，市场社会中的自私自利与利他主义社会中的群体关怀之间的比较。作为结论，我将博采众学科之长，加以统一综合，在此基础上阐述一个看待伦理和社会生活的利他主义观点。这一观点能够协调理性与情感，并且为人类未来所不可或缺。

正如第三章所言，依靠进化生物学来解释利他主义困难重重。究其原因，乃是由于进化生物学本质上将利他主义视为一种反进化的策略，这样它就无法给利他主义的道德性留下任何空间。作为一种宏大叙事，适者生存理论的核心正是自私和利己。尽管如

第六章 利他主义：人类未来的基础

此，一些持有进化论假设的学者还是试图在他们的理论框架内解释一种道德行为。应该说，他们的努力还是为利他主义及其相关现象开拓出了一些空间。举例来说，人类学家克里斯托弗·贝姆（2000）探讨了在猿猴社群以及早期人类社会中，进化性的变化是如何导致了一些原始的道德行为。为了进化的目的，一个群体有充足的理由排斥可能导致群体内冲突的性行为。推而广之，一个群体会管制一切"出轨者"的行为。倭黑猩猩对于群体内成员出轨行为的管制，以及它们分配食物的方式，背后都显示出政治性的考量。实际上，学者们在猕猴身上所做的实验，以及他们对于猩猩的研究，都为灵长类动物的原始道德行为提供了证据。根据弗兰斯·德·瓦尔（Frans de Waal）的研究，猕猴之间的惩罚和调解行为巩固而不是损害了群体的团结。惩罚更多地是以补救的方式实施的，因此它能实现包容而非排挤社会成员的目的（Frank de Waal, 1996: 104）。对于猴子而言，食物的分配也可以被用来达成某些政治性的目的，比如提升地位和受欢迎的程度。具体而言，在德·瓦尔展开研究的阿纳姆动物园里，如果有猴子将属于自己的食物份额让给其他猴子，前者便会被视作大方慷慨，其地位也因此提升。贝姆认为,在时代稍晚的狩猎采集社会里,当一些人认识到自己的行为出现偏差,并且开始自我管制时,行为准则就开始出现了。例如,男性之间若是因为对异性或者食物的竞争而出现了杀戮,那么杀人者就会"永久性地退出这个人群,或是直到紧张气氛缓解时才返回"(Boehm, 2000: 95)。诸如此类的原始道德规范是晚期旧石器社会人类的一大特点。在另一些情形下,群体会强制实行一套行为准则,以此来控制冲突。由于这套准则平等地适用于每个群体成员,贝姆将其视作是平等主义的。这些群体的另外一个特点是公开的政治性的行为,比如联盟的形成,对控制权的渴望以及对被控制的厌恶。一个充分发展的道德共同体要等到抽象的沟通出现之后才能形成。这样的共同体一旦形成,成员们便可以影响彼此的行为,并由此产生一种相对复杂的社会秩序观念。贝姆(2000)认为,这种共同体的形成要求个人平等和自治的观念在一定程度上取代等级制和支配,并且成员们要能够对他们的社会生活进行反思。与此类似,索伯和威尔逊(1998)在他们关于利他主义演进的著作中认为,理性思考使得人类出现了表现型的变化(即可观测到的特征变化),包括对于道德规范的接受。利他主义作为一种规范,若要成为社会和文化进化中的一种成功的策略,人们必须对能帮助社会运转的行为产生某种信仰,并且这种信仰的形成并非以适应环境为目的。这样的信仰和行为实践有助于形成一种文化风气(一种更加利他主义的风气),但他们未必有什么显著的生物学意义或实现生物学上的某种目的。利他主义的行为被人们视作是善良的,并且能提倡某些善的观念,比如集体精神,但这种行为不大可能与遗传进化有多大的关联。

尽管利他主义可能源于一种遗传策略,一旦人们认识到大公无私行为的意义,并且开始实践这样的行为,利他主义的性质也就发生了改变。安东尼·奥赫尔(Anthony O'Hear)也指出了一种纯生物学解释的局限性:

> 正因为我们是自觉和反思性的行为者,群体选择永远不能成为一个社会或文化中出现某些信仰或行为的充分条件……社会中的个人必须自己信服或被迫接受这些信仰和行为。
>
> (O'Hear, 1997, p. 155)

换言之，人既然为人，那么群体选择和适者生存就永远不能成为社会中出现某种信仰或行为的唯一解释。对利他主义的解释若要让人信服，就必须考虑到人类特有的沟通与讨论的能力，以及我们通过反思来赞同或拒绝某种行为模式的能力。沿着这种思路，迈克尔·鲁斯（Michael Ruse）指出，人们并不是带着一块白板来到这个世界的。实际上，我们有一些与生俱来的能力和性情，文化可以在这一基础上形塑我们的道德发展（Ruse，1991）。鲁斯推测到，正是这些与生俱来的性情导致了生物的利他主义行为，即纯进化论试图解释的帮助他人的行为。包含在这些性情中的，正是我们对于助人为乐和关爱同类的信仰（尽管人类也表现出一些相反的性情）。尽管纯进化论认为我们有理查·道金所说的"自私的基因"，但这并不意味着我们总是自私的。按鲁斯的说法，有利于生物长期进化的并非只是利他主义本身，而是我们相信利他主义是一种道德上的善。鲁斯这样写道："我们是道德的，因为自然选择让我们的基因中充满了做一个道德之人的想法。"（Ruse，1991：504）更进一步，鲁斯认为："我们的道德信仰不过是自然选择挑选出的一种对环境的适应，其目的是为了后代的延续……

道德无非是我们的繁殖基因加于我们身上的一种集体幻觉而已。"(Ruse，1991：506)

鲁斯的观点虽然不失新意，却仍然无法说明为何利他主义是一种善行。在这一点上，他的理论与第三章中所谈到的进化论解释暴露出同样的缺陷。在解释作为一种道德现象的利他主义时，这些理论都作出了一些错误的假设。比如，他们都假设进化过程可以产生出伦理价值，或者社会达尔文主义本身就是一种原始性的道德。实际上，进化论利他主义似乎与道德利他主义关联甚少。即便是较成熟的进化论范式也无法说明道德如何能够进化，而道德一旦进化，其规范性的力量又从何而来？欲达此目的，需要一个道德上的论证。

鲁斯努力想把康德、休谟和亚里士多德的道德哲学移接到一个进化论的观点之上。与之相比，欧登奎斯特（Oldenquist）则认为，功利主义是连接道德范式和进化论范式之间的桥梁。总体而言，欧登奎斯特的目标是用进化生物学的语言来解释道德的规范性力量（Oldenquist，1990：123 - 127）。这样一个搭桥式的理论必须用一种自然主义的眼光来看待道德。自然主义认为，道德价值观并非独立于人类而存在于宇宙之中，而是从人类社会生活的永恒形式中衍生出来的。作为自然主义的一个理论起点，贝姆从人类学的角度指出了动物会设定某些行为规范，以此来管制出轨者，避免群体内部冲突。欧登奎斯特认为，如果我们从规则功利主义的角度来理解道德，那么道德和进化生物学之间便不存在矛盾。从规范的角度来说，规则功利主义认为，社会会采纳那些能将社会效用最大化的规则或实践（由此带来的效用要大过其他的规则或是无规则）。这种理论与自然选择理论实际上相差无几，因为自然选择理论也主张只有有用的物种特征才会产生并延续。综合这两种观点，欧登奎斯特认为，人类社会将接受能最好地延续其生存的价值观。这种自然主义的论点和道德哲学可谓有着天壤之别。道德哲学对责任或美德的强调是不考虑其后果的，因此也不考虑它们是否有利于物种的生存。

尽管自然主义的观点颇具吸引力，这却意味着利他主义存在的唯一理由是它有利于社会，有利于人类的繁荣，仅此而已。一旦不再有用，利他主义作为一种道德现象也就将寿终正寝。我们只有在促进物种生存的层面上才能衡量和评价利他主义这种行为模式。从这个意义上说，欧登奎斯特的功利主义论点和完全

第六章 利他主义：人类未来的基础

无视道德的进化论观点如出一辙。它无法解释利他主义的一些脱离具体背景而依然存在的特性，比如我们有责任向陌生人行善。当利他主义只被用来促进社会效用时，其道德吸引力也就所剩无几了。

达尔文主义关于利他行为的有用性的假设不仅为道德哲学家和进化生物学家所接受，而且也渗透进了社会科学的实证研究中，其留给我们的道德启示着实可悲。弗兰克·索尔特（Frank Salter）在他的《福利，族群和利他主义》（Salter, 2004: 3-24, 306-327）一书中所提出的颇具争议的论点，就是其中一例。索尔特的论点是构建于族群裙带主义理论之上的。根据这种理论，由于相似族群的人之间拥有部分共同的基因，他们彼此之间会产生裙带关系，相互关照，以此来维持该族群的延续。索尔特认为，族群若要维持内部团结，其成员就必须将彼此视作属于一个大家庭。为了克服利他主义常常引发的搭便车问题，人们都愿意与他人达成一种信任关系。在发展这种关系的时候，人们自然而然地寻求和本族群内的成员建立信任，因为他们被视作是一个延伸了的大家庭的一分子（当然，家庭只是一种比喻）。如果同属于一个族群"家庭"，成员不履行对其他成员的利他主义义务的可能性就会小得多。以此类推，作为这样一个互相帮助的族群"家庭"的一分子，成员们会极不情愿让肥水流到外人田。由此，索尔特主张在族群同质性高的社会里，公民们视彼此为一个民族大家庭的成员，所以社会福利的开支也相对较高。在族群比较复杂的社会里，社会福利开支也会比较低。正如沃尔泽（Walzer）指出的那样，当美国的政治家呼吁更加慷慨的社会福利支出时，他们常常宣称美国人同属于一个大家庭（Walzer, 1992）。事实上，沃尔泽的族群同质论并非只是凭空猜测。历史上最先引入福利制度的国家，往往都是当时拥有较高族群同质性的国家，比如瑞典、法国和德国。不仅如此，就今日而言，一个国家的福利开支与其族群同质性依然有着正相关性。索尔特并未主张族群同质性是对福利国家大小和公共开支多少的唯一解释，因为诸如意识形态传统和工会力量也是提供相关解释的重要因素。尽管如此，族群同质的程度仍然是决定一国福利政策的重要变量。索尔特总结到："当一国同胞被视作属于不同族群时，公共利他主义也就随之衰落。"（Salter, 2004: 3）

针对族群同质论，我们可以提出许多反对意见。首先，世界上有族群复杂而福利支出颇高的国家（比

第六章 利他主义：人类未来的基础

如法国和荷兰），同时也有族群单一却缺乏公共福利传统的国家（比如新加坡和韩国）。其次，同一组群自视为大家庭的假设也不是显而易见的，它仍需要人类学的研究来证明。然而关于族群同质论最惊人的一点，乃是它似乎假设福利利他主义只不过是族群成员出于互利的目的而达成的一个协定。这种理论大有混淆实证与规范之嫌，也缺乏将公共福利的道德基础独立于社会事实的观念。毕竟这些道德基础，比如人类之需求、权利与资格，是跨越族群边界的普世观念。在现实中，也许利他主义是在族群之内而不是族群之间发生的，但福利制度的实现却另有其他原因。

索尔特的同质性理论认为异质社会将侵蚀福利制度以及与之等同的利他主义。但正如我们在第五章里论证的，福利的观念与利他主义之间的关联并不明显。将二者联系起来的方法之一，乃是论证福利国家本质上是一种社团主义的制度，这种观点值得我们更深入地思考。根据这种看法，福利国家有几分类似克鲁泡特金的村庄互助制度的放大版本。在这种制度里，公民强烈地认同彼此之需，而社会每名成员的幸福也都是大家的共同关切。每个人都相信如果他人遭遇不幸，自己的生活质量也会降低。在古丁（Sally

Goodin）看来，村庄与福利国家的类比有误，因为后者与前者相比是一个更大的不具人格性的制度。在福利国家中，成员们把各自的福利需要都"外包"给了专业性的机构（Goodin, 1988：113 - 118）。然而，古丁的这个结论未免稍显刻板。社团主义对于福利制度所作的辩护，仅仅主张世上存在一种社团主义的精神。这种精神在19世纪俄国农村的体现方式，当然与在21世纪社会民主国家中的体现方式不同。在其他的著作中，古丁和戴泽克（Dryzek）认为"二战"后英国的福利制度之所以迅速发展，其重要原因之一就是"二战"给英国造成的打击实际上将风险"民主化"了——福利国家就成了一种分担风险的制度（Dryzek and Goodin, 1986）。

实际上，社团主义的观点也有两个不同版本，有必要作一个区分。一种版本认为，人们之所以会奉献，是因为他们从未想过不奉献。其实，如果他们对社会的认同足够强烈，便全然不会将奉献看成是一种负担。由此观之，人们的社会角色就几乎完全勾画出了人们的社会责任。人们仍然有一些空间来进行。蒂特姆斯所说的创造性利他主义，但这样的空间已经小之又小。我们姑且将这种观点称作纯社团主义论，它与克鲁泡特金所热情描述的俄国村庄社会非常相似。在社团主义的另一种版本中，社会成员对他人需求的认同就小了许多。在这种"混杂社团主义"看来，社团还需要有其他的道德规范作补充，这种规范就是互惠。福利制度构成了一个普遍化的互惠体系，其中每个人都甘于奉献，并期待其他人也会在自己有需要时为自己作出牺牲。当然，互惠论很容易导致搭便车的难题：当我为别人作牺牲时，我怎么知道自己有难时别人也会为我作牺牲呢？尤其是在一个普遍化的互惠体系中，能够帮助我的人与我帮助过的人同为一人的可能性是微乎其微的。该论点的社团主义部分为解决这个难题提供了一个路径。社团主义社会有一种团结精神，它不仅能实现社会整合，而且为克服搭便车难题所需的相互信任与保障奠定了基础。由于公民们彼此认同，他们怀着"一方有难，八方支援"的信念，愿意负担起奉献社会的责任。

置于市场精神威胁福利制度的大背景下，混杂社团主义比纯社团主义更让人觉得可信。市场威胁福利的论点强调市场价值的传播，包括个人主义、个人自由、责任感和财富积累，这些价值观都与福利主义背道而驰（Jordan, 1989; Ware, 1990）。当这些价值观生根发芽之后,人们便很难在心理上维持利他主义更加有利于福利制度的价值了。一个人不能既是精打细算的市场行为者,同时又是一个乐于助人的利他主义者。与此同时,市场威胁论者还认为,市场社会中的一些大趋势,比如地理上移动性的增加,非人格化的市场交易的增长和团结性非市场交易的相对萎缩,这些都侵蚀着福利国家背后的人性动机。

　　市场精神的发展对纯社团主义的威胁是极其直接的。在这个过程中,一种社会趋于消亡,被另一种社会所取代。简单地说,能容纳意识形态的社会空间有限,社团一旦被市场所取代,便不可能东山再起。更何况,纯社团主义对于福利制度的辩护本来就难以立足。在今天的社会中,难以想象人们在交税时会完全不思考他们如何能从国家获得一些报偿。从这个角度说,古丁批评社团主义在村庄和非人格的官僚国家之间作类比是有道理的。村庄所发放的福利不过就是一些实物,而不是由税收所支撑的普遍福利。再将焦点转到混杂社团主义。应该说,这种理论不仅为福利制度的产生和维持提供了一个更现实的解释,而且受市场侵蚀论的威胁也较小。之所以如此,是因为在福利制度下起作用的互惠伦理和在市场中扮演和新角色的

第六章　利他主义：人类未来的基础

交易观念是紧密相连的。当然，交换物品的双方未必共同持有互惠的观念，但重要的是，市场社会中广泛的交易行为可以加强陌生人之间的互惠关系。个人可以贡献时间、金钱、劳力、商品和税收，同时期望得到某种报酬。就税收而言，这种报酬就是包括福利在内的一切公共物品。从心理学上说，市场价值和福利价值之间的距离并非像乍看时那般遥远。如果人们在给予时也期望得到某种报酬（无报酬便不给予），那么这两种价值实际是互相重合的。此外，即便是纯粹的市场性、非福利的交易，也需要交易双方的互相信任：双方都需要对方会投桃报李的保证。

我们有必要再强调一下互惠性的概念，因为它不仅将福利主义视为一种准社团主义、准利他主义的观念，而且否定了利他主义会随着市场的增长而消亡的流行观点。我们可以再一次从纯社团主义和混杂社团主义两种视角来考虑市场精神的传播。从前一种视角看，利他主义占据了社会角色之间的空间。如果我照顾生病的邻居的原因是邻居们就该这么做，那么照顾邻居的举动就不算是利他主义的；如果社会期望是人们只照顾生了病的亲人，那么照顾邻居的行为就显得更加利他主义。这种观点的问题在于，随着组成社会角色的义务被市场的发展所侵蚀,利他主义的行为是否还能存活。我们不能先验地给出一个确定答案。我们当然会情不自禁地认为,随着交易和互惠观念逐渐渗透到社会关系之中,人们会开始为他们的努力索取报偿。如果没有报酬,也就不会有利他主义。然而,诸如亲朋邻里或是家庭内的小规模利他行为可能还是可以延续的。有人会说,这一类的社会关系是严酷的市场规则之外的温暖避风港,人们也会珍爱他们自己培养和维持的非市场伦理规范。毫无疑问,支持这两个结论的实证证据是存在的,而在人们的日常语境里避风港的说法可能更为重要。针对市场的最常见的指控,便是市场行为导致自私自利。混杂社团主义与纯粹利他的观念也是相符合的。我们仍然无法断言,随着互惠观念的传播,利他主义是否会走向衰亡。互惠关系可以在不同的社会背景中存在,但人们肯定不愿意让所有的社会关系都受制于互惠关系。然而,混杂论更能支持另一种利他主义的观点。根据这种观点,利他主义涉及一种普遍化的互惠。人们依然想要奉献,依然对他们要帮助的人怀有善意,但他们希望能获得某种报酬,这报酬未必来自他们帮助过的人。利他主义是一种普遍化的互惠,在利他主义存在的社会

第六章 利他主义:人类未来的基础

里,人们彼此怀有美好的祝福,但他们不愿因为自己的福利行为而损害自己的利益。利他主义的核心是交换的概念。的确,当互惠互利的人们总是期待某种回报时,这好像算不上是利他主义。毕竟,人们常识中的利他主义总是包含着某种牺牲的成分。但我们也许可以认为,那些为了别人而帮助别人的人们,也还是希望能得到某种回报,哪怕只是别人的承认。如果我们非要坚持,利他主义就是不带任何收获的牺牲,这也未免太过教条了些。假如我们能认可互惠性的利他主义也算是一种利他主义,那么它与市场是并行不悖的,我们也没有理由认为,作为普遍互惠的利他主义一定会随着市场的发展而衰亡。反过来说,互惠性这个概念本身并没有利他主义的成分。互惠关系是否是利他主义的,完全取决于处在关系中的人们的情感。(比如,在囚徒困境中一个成功的策略叫作"以牙还牙",按照这个策略,当且仅当 B 合作时,A 才会合作。如果 B 不合作,A 也不合作——这仅仅是一个相互性的策略[①]。)因此,有人可能会认为,市场关系所培育的精神甚至与互惠利他主义都是矛盾的。我们只能重申,市场社会里利他主义行为的命运究竟如

[①] 在英文中,相互性与互惠性是同一单词(reciprocity)。——译者注

何，尚无明确的答案；这一问题仍有待进一步的研究。

米勒（David Miller）从社团主义的角度为福利国家辩护。他假设，人类的大多数都是事事算计的利他主义者。多数人都希望穷人、病人和弱势群体能得到帮助，但我们都不希望自己为帮助他人而操劳太多。我们和第四章中所提到的旁观者一样，当见到小孩不慎跌入池塘时（或见到无家可归者在店门前乞讨时）都会着急苦恼，但我们都希望别人能伸出援手。我们像那些旁观者一样，都在为自己的不奉献寻找理由。这并不意味着我们从来不帮助别人。如果别人都在帮忙，或者有一天我也许会遭遇相同的不幸，我可能也会想尽自己的一份力（比如大家一起拉绳救小孩上岸）。说到这里，我们又回到了戴泽克和古丁关于福利国家起源的风险分担理论。无论如何，我们都不是圣人般的利他主义者，能从我们从事的善行本身获得满足感。米勒认为，福利国家将事事算计和施恩图报的利他主义者从搭便车的困境中解脱了出来（Miller，1989，第四章）。通过强制人们履行福利责任，福利国家为每个人提供一种保证，即有需要者能得到帮助，而同时人人都在履行各自的义务。

然而，米勒又继续论证道，权利比利他主义更好地构成了福利国家的基础。福利国家之所以需要靠强制的税收来提供财政支撑，并不是为了克服凡事算计的利他主义者之间的搭便车难题，而是为了确保人们能履行由福利权所引申出的公民义务，无论他们是否是利他主义者（Miller, 1989：100；1996：102）。这种观点是对福利国家的另一种辩护。根据这种以权利为基础的观点，福利主义与共同体或利他主义没有太多关联，而是社会正义的题中之义。在每个人的生活中，都有着不能妥协的尊严底线。社会赋予每个人坚守这一尊严底线的权利，并通过这种方式给予最弱势的群体以保障。应该指出，这种为福利措施辩护的方式在今天要常见得多，尤其是对于政治哲学家而言。在这种观点中，利他主义不再扮演重要的角色，因为既然征税是强制性的，那么人们的动机也就变得有些无关紧要了。（Seglow, 2004）哈里斯（1987）认为，在由税收支持的福利制度下，公民依然可以选择是否以利他主义的精神实施给与。在发薪扣除（PAYE）（依照收入多少纳税的系统）制度下，人们可能会不满每月工资的一部分会被扣除用来上税，也可能衷心拥护这一制度。如果人们拥护该体系，那么他们就在以利他主义的精神履行义务。这种说法有一定道理，但如果在纳税问题上我们没有决定权，那么我们的态度如何也就无关痛痒了。有人可能认为，对自己态度的选择与对行为的选择是大有不同的，一旦后者受到限制，前者的选择自由也会受到影响。既然在纳税的例子中，纳税人的态度选择没有什么实际的影响，我们大致可以认为，积极地支付收入税的彻底利他主义者应该是为数甚少的。

在为福利制度正名时，权利论与社团主义理论之间存在着重要的不同。在这些区别中，与利他主义有重要关联的一点是，我们到底在多大程度可以对其他人表现出偏私之情。权利论是一个普世主义的理论，即便人们要对自己的家人、朋友或国人有所偏私，他们也应该首先保证对那些有福利权之人履行了自己的义务。一定程度的徇私和偏心在大公无私的道德框架下才能被允许。与此相反，社团主义的理论开始就是偏私的。福利不仅是一种利他主义，而且根据定义，福利必然带有某种偏私。在这里，社团主义借用了进化论关于人类为何对亲戚、朋友或其他被认为是利他者（比如绿胡须利他主义）表现出利他行为的解释。虽然这样一个关于利他行为历史的解释言之成理，但

第六章 利他主义：人类未来的基础

我们不必拘泥于利他主义必然带有偏私的说法。我们应该记住"起源谬误"——一个事物与其起源不同。当然，利他主义的一些特性是随其定义而生的，比如将他人的当作自己的需要，并由此积极满足这些需要等。但利他主义的其他一些特性，例如进化论假设利他主义的遗传学依据在于将某种基因代代延续，则可以被抛弃。的确，这种抛弃说起来容易做起来难。我们可以给利他主义一种经过道德修正的定义，但要说服别人实践这样形式的利他主义就是另外一回事了。这种努力最终失败的一个事例就发生在1998年7月的谢菲尔德北部综合医院，该事件同时也支持了族群裙带主义的理论。当时，一位去世白人男子的家属愿意将死者的器官捐献给其他人，但同时约定器官接收者只能是白人。作为死者家属，他们对于死者、死者的器官以及器官的接受人都怀有非常真实的感情。卫生部对此做出裁决，认定医院的器官托管部门不能接受带有附属条件的器官，并且在这个案例中，死者家属所要求的条件可能导致家属和器官接受人触犯1976年通过的《种族关系法》。按理说，该案例中的器官被捐献给托管部门之后，医院可以根据其所认定的医疗需要来使用这些器官。在医学杂志《手术刀》

（2000）上的一篇社评指出，虽然利他主义是器官捐献中的一个基本原则，器官交易的性质应该由接受人的需要而不是捐献者的偏好所决定。不过，尽管案例中的裁决和社评都意图清晰，他们却没有真正解决该案例所引发的关于礼物赠予性质和赠予人动机的更深层次问题（Scott, 2006）。问题的难处在于，虽然我们可能会想谴责例子中表现出来的种族主义，我们同时也倾向于认为，实践利他主义的人们应该参与决定他们的善行的受益人、受益人群的广泛程度，以及善行的慷慨程度。要想实践一种经过道德净化的利他主义，实在不是一件易事。

多数人都认为，我们在进行慈善的赠予时应该有选择和自由裁量的权利。选择将东西赠给不那么需要赠予的人，而不是急须赠予的人，这本身未必有什么错，至少我们对于后者并没有道德义务。正如我们看到的，我们对于接受人的选择，可能反映出我们自己的共同体或团结意识。这种选择可以被谴责为单纯的情绪或情感，而非道德上的正确，但至少在某些例子中，团结本身可能就具有道德价值。让·汉普顿（Jean Hampton）曾论证，当人们选择那些能促进社会团结的行为时，他们"与自己行为的受益者合为一个整体，以至于他们将自己的利益也视作了其他人的利益"（Hampton，1993：158）。这样的说法就颇能适用于器官捐献的案例，哪怕死者家属想要促进的白人间的团结是一种种族歧视。我们需要回答这样的一个问题：以群组为范围的利他赠予何时在道德上是值得赞扬的（比如在蒂特姆斯的好公民献血的案例中），何时又该受到道德上的谴责（比如在器官捐献案例中）？

一种回答是，我们应该接受一种以权利为基础的、无偏私的政治哲学，拒绝让利他主义或社团精神扮演任何公共角色（De Wispelaere 2004）。利他主义和社团精神带有感情和不确定性，唯有权利能够清晰地勾画出我们应对他人履行的义务。这种观点虽然在自由主义者和国际主义者之间颇为流行，却难以解释我们责任的范围。是否世界上的每一个人都对每一个其他人负有责任？如果答案是否定的，责任又该如何分配呢？在这里我们不是要回答这个问题，而是要探究利他主义的伦理，尤其是我们行为的动机。正如我们在第二章中所预示的那样，关于动机问题，利他主义思想史（甚至整个道德思想史）中有两种思潮，一种强调理性，一种强调情感。权利论假设利他主基于情感,与此不同,我们意在论证一种混合式的观点,说明理性和情感都是解释人们利他行为的重要因素。这样一来,我们就可以更好地理解利他主义观点的独特和重要之处。

　　康德关于普世的善行责任的讨论,为利他主义基于理性的观点提供了最好的论证。正如第二章所示,康德试图理解"如人待你一般待人"这条黄金法则背后的道德合理性。康德认为,如果我在急须帮助时放弃接受别人的援助,我就是不理性的。反过来说,如果我们遇到了一个急须帮助的人,我们就有责任对他施以援手。否则,我们向别人求援的行为和拒绝帮助别人的行为之间就存在不一致性。因此,我们有责任帮助别人,实践善举。我们认可了这个责任,也就承认了人类常有不时之需,承认了我们和别人都处于一个人类共同体。如果我们把利他主义理解成一种善行,那么这个说法就给我们每个人一个很好地成为利他者的道德理由。按着这种思路,内格尔指出,利他主义理性,即将他人的观点本身视作重要的目的而非实现自己目的的手段,乃是道德的基石。(Nagel, 1970)这个结论呼应了伯纳德·威廉斯(Bernard Williams),关于利他主义构成一切道德的基础的论断

（Williams，1972：250），尽管威廉斯采取的是一个休谟式而非康德式的视角。

我们讨论过，劳伦斯·布卢姆（1980）为我们提供了另外一种以利他情感为中心的解释。他的观点同样是对苏格兰哲学家休谟的一种补充，而我们在第一章中已经介绍过休谟以感情为基础的对道德的解释。布卢姆认为，我们对于别人需要的第一反应总是富有感性色彩的。即便我们可以在事后理性地评价和衡量我们的反应，但理性并不是我们采取该反应的动机。和康德的理性主义观点相比，这种说法更符合我们的日常道德经历，因为它充分考虑到了引领我们采取行动的道德牵引力。实际上，当他人的需求迫在眉睫时，进行抽象思维未必合适，因此布卢姆的解释用情感对理性作了一个合理的补充。

饶有趣味的是，基于情感的利他主义观点和进化论对利他主义的解释是相呼应的。对于进化论解释而言，感觉与情感不过是让有机物的行为更好适应环境的心理机制。如果人类或其他动物被牵引着对亲属展现了利他行为，这只不过是因为利他主义是一种比利己主义更成功的进化策略。回应他人需要的能力，无论它在人类社会化过程中扮演多么复杂的角色，也只不过是帮助延续物种的诸多能力之一，就像认识和记忆的能力，以及预料未来的能力。然而，把情感导致的利他主义包含在进化生物学之内也有其问题，即进化生物学剥夺了利他主义特有的道德内容。它解释了是什么导致了人类的利他行为，却无法为利他主义提供理由。要知道，和昆虫之类的简单有机物不同，人类可以严肃地讨论利他行为的理由。我们是可以反思利他主义的道德行为者，而不仅仅是被一种体现为情感的心理力量牵引着。要在利他主义中找回道德，我们必须说明我们的行为不只是为了满足某些欲望，这样一来理性只是用来寻找手段的工具。我们要说明，理性本身能够制定目标，并驱使我们去追求这些目标。布卢姆和其他以感性为基础的利他主义解释无法说明这一点。索伯和威尔逊提出的动机多元主义观点也无法说明这一点，尽管他们承认其立场是描述性的，仅仅是试图解释人类行为的一些模式。与之相对比，在康德关于善行责任的论点中，理性主导了为何利他主义的目标是值得追求的。为利他主义动机提供支持的，既可以是关于我们应该做什么的信仰，也可以是关于我们想要什么的信仰。

　　索伯和威尔逊的动机多元论不能和道德多元主义

相混淆。动机多元论认为,不能把人简单归类为利他主义者和利己主义者。事实是,当需要行动时,人们面临着一系列的动机。至于我们是否是道德多元主义者则是另外一个问题。若要讨论理性究竟是如何驱使我们的,这就涉及动机内在主义与动机外在主义之间仍在展开的哲学争论。动机外在主义认为,动机和道德判断之间的关系是随具体情况而定的,而动机内在主义则认为,在道德判断和由此判断产生的行为动机之间存在着必然的联系(Rosati, 1996)。将来的研究若要继承索伯和威尔逊未完的事业,去探究内在主义和外在主义哪个更能与利他主义的进化论视角相一致,依然任重道远。康德的理论是符合动机内在主义的。一旦我确认了去做善行或利他的理由,若让我不依照这些理由去行事,也即若让我无视这些理由的驱使力量,也许是可能的,但将带来极度非理性的痛苦。动机外在主义则不会在道德判断和动机之间建立这么紧密的联系。

本书概览了利他主义的涵义、历史和局限性,以及社会学家、心理学家和经济学家等对其的运用。但愿我们已经说明了利他主义在社会科学和哲学中的重要性。然而,利他主义为什么应该在人类思想中继续作为一个重要观念而存在？利他主义的概念是否曾在一个历史时期与我们有关，但现在已经过时了？我们认为，利他主义依然重要的原因之一，是它在道德哲学之中占据一个独特的位置。一些伦理学家把利他主义和道德哲学本身等同视之，而正如我们在第四章中看到的，几乎所有心理学家都持这样的观点。但是，利他主义并不把道德观点本身包含在内；利他主义的概念无法涵盖道德这样一个无比丰富和多维的观点。而且，正如我们所见，尽管利他主义与一些道德概念（善行或同情）紧密相连，它却难以包容其他的道德概念（比如无偏私和权利）。说起利他主义，我们通常都会联想到一些人们具体做的事。利他主义者就是一个做好事的人，一个向牛津救济饥荒委员会捐款的人，一个甘扫他人门前雪的人，或是将溺水儿童救上岸的人。这些都无可非议，然而正如我们在书中强调的，对利他主义而言，真正重要的是动机，因为是动机驱使行动，以及行动可能带来牺牲。因此，利他主义也是一种看待事物的观点，而门罗的人类共同体观念，很好地说明了利他主义观点和道德观点本身有什么不同。如第四章所示，人类共同体的观念为世界描述了一种愿景。在这样的共同体中，所有个体都是人

第六章 利他主义：人类未来的基础

类大家庭的成员，存在于他们之间的纽带远比种族或信念的肤浅区别重要千倍万倍。持有这样观点的人，在每一个自己所遇之人的身上，都能看见一种人性（正如"二战"期间犹太人的营救者，并不把犹太人视作低人一等或是高人一等，而仅仅视他们为处于困境中的人）。与人人平等的观念相比，人类共同体的观念更具有实质性内涵。前者当然是一个核心的道德观念，也是权利和无偏私理念的基石。但人类共同体超越了人人平等的观念，它敦促我们在任何时候遇上任何人，都去关注他们人性上的光辉、他们的需要、脆弱和困境。它同时敦促我们将彼此之前的社会角色置于一旁，和我们所遇之人和睦相处。这样的例子可以在迈克尔·伊格纳蒂夫（Michael Ignatieff）的《陌生人之需》一书的开篇找到：

> 我住在北伦敦的一条闹市街道上。每个星期二上午，我的门外都停着一辆流动货车，货车的摊主免费提供一大堆破旧的窗帘、掉了纽扣的衬衣、脏了的背心、磨损的裤子和褪色了的裙子，一大群领取养老金的人则将这些东西翻了个遍……我想象他们独自居住在由电暖器的光照亮

的黑暗屋子里。我遇上一个正在独自购物的老人，他在一家土豆店的门口排着长队，已经精疲力竭地快要昏厥。我让他坐进一家酒吧，帮他买完了其余的东西。

(Ignatieff, 2001, p. 9)

有人可能会问，伊格纳蒂夫有责任帮助这个老者吗？道德常识也许会告诉我们他并没有这样的责任，或者用道德哲学的术语来说，这只是一件职责外的事。这么说也是无可非议的，但事情并非如此简单。我们可以猜测，当伊格纳蒂夫帮助那名老者时，他看待老者的方式与那些不帮忙的人是不同的。在和老者的互动中，他把老者看作一位脆弱而有需要的同胞。一旦我们超越了自己给定的角色，利他主义常常就成了一种创造性的举动。我们每个人每时每刻都在以各种方式互相帮助，但如果图书管理员借给你一本图书馆的书，或是司机在红灯前停了车，这并不算是利他主义。当我们用人类共同体的思路来想问题，我们就超越了自己的社会角色及其道德要求，因为这些要求通常只涉及人类群体的一部分。我们在头脑中与他人建立起一种真实的联系，并思考此时此刻，我能如何帮助他人。这一问题的答案有时明显（如救助落水儿童），有时则不然（如创办慈善组织帮助贫困儿童）。无论如何，通过利他主义的行为，我们证明了自己至少在助人的那一刻，与其他人类同胞联系在了一起，这种联系的纽带强过联系任何一个特定团体的纽带。

我们依然要问，利他主义所赋予的道德观点究竟是否为我们所需？如此怀疑的理由来自对利他主义的质疑。有人会说，如果人们的需求是重要的，那么满足这些需求的关怀应该由体制来提供。假如这些需求不重要，那么以利他行为对待这些人也就说不上是什么特别的美德。我们因此可以现实地发问，福利体系到底出了什么问题，竟至于让儿童在深夜里流浪于市井、年老多病者无人赡养？这种观点还认为，社会上还存在利他主义的用武之地，这本身就是我们的道德失败。如此的观点并不能让人信服，理由有二。首先，我们可以也的确为别人提供了许多重要的帮助，这些帮助即便说不上性命攸关，也造成了正面的社会结果。如果说因为自己的朋友完全可以搭公交车，载他一程就算不上利他主义的话，这样的说法实在难以立足。实际上，正是这样的日常生活中的利他行为巩固了我们之间的友谊。

　　再说另外一个例子。如果我把在当地婴儿学校暑期集会上抽奖得到的礼物捐献出去，这是一种利他主义，甚至是一种创造性的利他主义。尽管这样的举动对社区有积极的影响，并没有人要求我这样做，而捐献礼物也不是最高等级的利他行为。我们反对利他主义要么可以制度化、要么就不是利他主义的观点；我们坚持利他主义所给我们提供的道德观点，这样的反对和坚持还有一个理由，即在义务和严格的正义观之外，我们还有一些与人为善的空间，这些善举展现了人性的共同之处。试想那些将三年的时光奉献给在非洲的VSO（海外志愿者服务）工作的人们吧。没有一种道德理论要求他们这么做，然而他们所做的善事让人切身受益，且又至关重要。如果我们认为，他们的行为虽值得盛赞，却只是职责分外之事的话，那我们就忽视了问题的关键。我们想明白这样的行为究竟为何值得称赞。离开自己温暖的家庭，奔赴千里之外去理解陌生人的需要和想法，并与他们结下不解之缘。VSO工作人员体现出了创造性的利他主义，并为世界增添了价值。除非这些工作者本来就与非洲有什么联系，否则他们的动机大概只能是人类共同体的理念。通过培育人类共同体的理念，并且维持像 VSO 这样弘扬共同体理念的组织（我们都可以参与其中），我们就是在践行利他主义。

不妨再举一例。很多国家都有类似地方交流贸易中心（LETS）或时间银行的机构。在这些机构里，人们可以在没有任何金钱交易的情况下，用自己的技能为别人服务，作为回报，他们可以从别人的技能劳动中受益。许多的社区都有不涉及货币而提供保姆、园艺、瑜伽课程和汽车保养的经济活动。初看起来，既然在这些组织中交易观念扮演着核心地位（一小时的汽车维护等于两小时的园艺活，等等），LETS 和时间银行之类的机构不能算作践行利他主义的场所。但这在很大程度上取决于参与者交换劳务的动机。对于杂货店老板而言，他们卖东西给你时通常不会关心你的幸福。然而非市场的经济活动就可以让参与者认识别人的需要，并且用自己的技能满足这些需要，以此实践创造性的利他主义。在他们眼中，他们得到的劳务回报未必与他们的付出价值相等（这与市场中卖东西的人锱铢必较不同）。

这样的组织与非人格化的、依靠强制税收来支撑的福利国家不同。的确，这些组织的活动未必都体现出利他主义，但利他行为也常常体现不出利他主义。一个人要是向慈善机构捐了几千块钱，我们通常会认为他是个利他主义者。但是如果此人向权贵宣传他的善举，那我们就会怀疑其动机了。因此，LETS、时间银行和VSO一样，都是实践利他主义的体制渠道，也都反驳了有些人关于利他主义不能制度化的说法。正如我们讨论过的，认为利他主义就必须带有牺牲，这样的看法太过刻板了，如果那些真心帮助别人的人想要得到一些回报，这也是完全合理的。和VSO相比，诸如LETS这样的互惠组织给人们提供了一种相似却更平常的渠道来实践善行，并且鼓励成员们视彼此为人类共同体的一部分。假如有人为一个单身母亲提供带孩子，并得到单身母亲为他喂养宠物的回报，这也是一种微小却重要的利他主义。可是，如果这位单身母亲是个陌生人，而这个人自己又没有孩子，那么人类共同体的观念就在这起交换中起到了一定的作用。

我们应该如何鼓励利他主义，以及与之相随的态度和德行？这是一个难题，尤其在我们所生活的这个社会里，人人都迫不及待地强调自己的权利，而且常常只愿意履行由法律严格规定的职责（甚至有时连这

第六章 利他主义：人类未来的基础

些职责都被忽视）。既然利他主义很大程度上是建立于动机之上，想要培养这种动机就尤为不易。解决这个问题的方法是采取一种间接的方式，我们在这里可以讨论两种互补的方案。第一种办法是建立一些新的组织，让利他主义之花四处开放，吸引公众的关注。我们在前文中已经讨论了一些这样的机构。其他的一些例子包括：让志愿者在学校里帮助孩子们提高阅读能力；方便雇员将薪水的一部分捐给慈善事业（这在美国已经相当普遍）；鼓励工作的人每月花几个小时为慈善机构充当志愿者（有些人能够提供一些特殊技能，比如法律和信息技术）。如果灵活的工作时间变得更加普遍，甚或能挣取更高的工资，如果有更多的职业休假，那么上班族也就更容易挤出时间帮助别人。

另外一个有助于利他主义的体制改革是引入公民收入或基本收入，即一种无条件支付给每个成年公民的收入，以此来代替现存的一大套福利支出。一项基本收入计划可以让人们更多地休假或不从事全日制工作，这样他们就有更多时间进行没有报酬的利他性工作。有的时候，问题的关键不在于为利他主义行为开拓新的机会，而是如何为现存的利他主义实践提供体制上的认可。比如,许多国家都存在大量照顾病弱的父母、儿童和配偶的人群,他们在人口中占据相当比例却不为人所注意。照顾他人本质上是一种相当寂寞的经历。但如果我们能够认可照顾者的工作,雇佣更多有偿的专业人士来帮助他们,允许他们休假,并且建立让他们见面的俱乐部和协会,就能很好地维持这样一种重要的利他主义形式。然而,如果人们原本就没有动机从事利他主义行为的话,那么这些办法也都会收效甚微。正因如此,让公众目睹利他主义行为是很重要的:利他主义可以一传十,十传百。

第二种方法是采取社会和政治改革,增加人们想要助人为乐的可能。比如,奥利纳夫妇呼吁采取一种更加直接的办法,敦促学校加强教育利他主义和亲社会行为的美德,这样的教育对于单纯的识字和算术教育是一个必要的补充(Oliner and Oliner, 1988)。学生们应该学习利他主义的典范,比如美国的慈善家卡内基和"二战"时欧洲非犹太人对犹太人的营救。美国"9·11"世贸中心遭袭时消防员和警察舍己救人的壮举则是一个更有时代性的例子。奥利纳夫妇的办法未免有些太过乐观,因为孩子们一旦从学校毕业,难以保证利他主义的故事对他们究竟有多大影响。不过，作为强调我们对他人指责的综合课程的一部分，他们的想法还是颇有可取之处的。至于其他的建议，则更加地间接晦涩了。

皮列温与她的同事设想，如果不同社会阶级和族群的人能更多地混居交流，那么在这些有不同生活经历的人之间就可以搭建起沟通的桥梁，这对构建人类共同体的伦理有所裨益。[其他办法包括鼓励人们自己承担责任、增强对自己能力的信心（Piliavin等，1981，第十章。）]包容能促进利他主义的观点，还需要考虑到利他主义也存在于一个群组之内这个事实。刚到一个陌生城市的新移民，通常都会立刻前往老乡会那里寻求住房和工作上的帮助。也许我们该说，不同族群的混居交流可以催生一种自由主义的利他主义，也即不同群组间的利他主义。如果是这样，那么我们衷心希望，有关规划治理的公共政策，以及公共住房和地方民主的设计，都可以积极地促进不同社会群组之间的利他行为。

在我们介绍的两种方法中，间接的方法试图创造出某种社会条件，让人们自己产生出利他主义的动机；而直接的方法则由国家直接提倡利他的生活方式。一般来说，间接的方法也许比直接的方法更加行之有效。直接的方法无论动机有多好，总让人觉得有一丝家长式作风在其中。缩小贫富之间的收入和财富差距，以及其他克服社会边缘化的措施，可能也会有促进利他主义的效果，因为它们能让公民们感觉彼此同属于一个社会大家庭。然而，和其他促进利他主义社会的建议一样，我们需要更多的社会科学研究来证明这些政策的实际效果。

参考书目

Anheier, H. K. and Lent, D. (2006) *Creative Philanthropy*. London: Routledge.

Archard, D. (2002) Selling yourself: Titmuss's arguments against a market in blood, *Journal of Ethics*, 6: 87 – 103.

Aristotle (1976) *Nicomachean Ethics*, trans. J. A. K. Thompson. London: Penguin Books.

Aristotle (1981) *Eudemian Ethics*, trans. H. Rackman. Cambridge, MA: Harvard University Press.

Arneson, R. (1997) Egalitarianism and the Undeserving Poor, *Journal of Political Philosophy*, 5 (3): 327 –

350. Available at http://philosophyfaculty.ucsd.edulfaculty/rarnesonl undeser 3.pdf (accessed 11 May 2007).

Arrow, K. (1972) Gifts and exchanges, *Philosophy and Public Affairs*, 1 (4): 343-362.

Aquinas, T. (1964) *Summa Theologica*. London: Blackfriars, Eyre and Spottiswood.

Axelrod, R. (1984) *The Evolution of Co-operation*. New York, NY: Basic Books.

Axelrod, R. (1986) An evolutionary approach to nonns, *American Political Science Review*, 80: 1101-111.

Baron, M. (1987) Kantian ethics and supererogation, *The Journal of Philosophy*, 84: 237-262.

Baron, M. (1997) Kantian ethics and the claims of detachment, in R. M. Schott (ed.) *Feminist Interpretations of Immanuel Kant*. Pennsylvania, PA: Pennsylvania State University Press.

Barry, B. (1995) *Justice as Impartiality*. Oxford: Oxford University Press.

Batson, C. D. (1991) *The Altruism Question: Towards a Social Psychological Answer*. Hillsdale, NJ: Lawrence Erlbaum.

Batson, C. D. (2002) Addressing the altruism question experimentally, in S. G. Post (ed.) *Altruism and Altruistic Love*. Oxford: Oxford University Press.

Becker, G. (1981) *A Treatise on the Family*. Cambridge, MA: Harvard University Press.

Blum, L. (1980) *Friendship, Altruism and Morality*. London: Routledge & Kegan Paul.

Blum, L. (1992) Altruism and the moral value of rescue: resisting persecution, racism and genocide, in P. M. Oliner *et al.* (eds) *Embracing the Other: Philosophical, Psychological and Historical Perspectiveson Altruism*. New York, NY: New York University Press.

Boehm, C. (2000) Conflict and the evolution of social control, *Journal of Consciousness Studies*, 7 (1 – 2): 79 – 101.

Bowlin, J. (1999) *Contingency and Fortune in Aquinas' Ethics*. Cambridge: Cambridge University Press.

Brody, B. (1987) The role of private philanthropy, in E. F. Paul, *et al.* (eds) *Beneficence, Philanthropy and the Public Good*. Oxford: Basil Blackwell.

Brosnahan, T. (1907) *The Catholic Encyclopaedia.* Available at: www. newadvent. org. cathenlOI369a. htm (accessed 14 November 2003).

Buchanan, A. (1996) Charity, justice and the idea ofprogress. in J. B. Schneewind (ed.) *Giving.* Bloomington, IN: Indiana University Press.

Churchill, R. P. and Street, E. (2004) Is there a paradox ofaltruism? in J. Seglow (ed.) *The Ethics of Altruism.* London: Frank Casso.

Collard, D. (1978) *Altruism and the Economy: A Study in Non Selfish Economics.* Oxford: Martin Robertson.

Collins, F. H. (1895) *The Epitome of Synthetic Philosophy of Herbert Spencer.* New York, NY: Appleton & Co.

Comte, A. [(1851) 1969-70] *Systeme de Politiquepositive: Oeuvresd' Auguste Comte Tomes* 7-10. Paris: Editions Anthropos.

Comte, A. [(1852) 1966] *Cathechisme Positive.* Paris: Garniers Flammarions.

Cumberland, R. (1672) A Treatise of the Laws of

Nature. Available at: http://o11download.libertyfund.orgIEBooks/ Cumberland_0996.pdf (accessed 23 February 2007).

Darley, J. M. and Batson, C. D. (1973) From Jerusalem to Jericho: a study of situational and dispositional variables in helping behaviour, *Journal of Personality and Social Psychology*, 27 (1): 100 – 108.

Darwin, C. (1871) *The Descent of Man*, 1 st edn. London: John Murray.

Darwin, C. (1874) *The Descent of Man*, 2nd edn. Chicago, IL: Rand, McNally & Co.

Davis, J. (1992) *Exchange*. Buckingham: Open University Press.

Dawkins, R. (1976) *The Selfish Gene*. Oxford: Oxford University Press.

de Waal, F. B. M. (1996) *Good Natured: The Origins of Right and Wrong in Humans and Other Animals*. Cambridge, MA: Harvard University Press.

De Wispelaere, J. (2004) Altruism, impartiality and demands, in J. Seglow (ed.) *The Ethics of Altruism*. London: Frank Cass.

den Uyl, D. J. (1987) The right to welfare and the virtue of charity, E. F. Paul *et al.* (eds) *Beneficence, Philanthropy and the Public Good.* Oxford: Basil Blackwell.

Dennett, D. (1995) *Darwin's Dangerous Idea.* London: Penguin Books.

Douglas, M. (2002) Foreword, in M. Mauss, *The Gift.* London: Routledge.

Dryzek, J. and Goodin, R. E. (1986) Risk-sharing and social justice: the motivational foundations of the postwar welfare state, *British Journal of Political Science*, 16 (1): 1-34.

Dugatkin, L. A. (2002) Co-operation in animals: an evolutionary overview, *Biology and Philosophy*, 17 (4): 459-476.

Durkheim, E. [(1897) 1970] G. Simpson (ed.) *Suicide.* London: Routledge & Kegan Paul.

Dworkin, R. (1977) *Taking Rights Seriously.* Cambridge MA: Harvard University Press.

Fabre, C. (2004) Good Samaritanism: a matter of justice, in J. Seglow (ed.) *The Ethics of Altruism.* London: Frank Cass.

Fehr, E. and Fischerbacher, U. (2005) Altruists with green beards, *Analyse und Kritik*, 27 (1): 73 – 84.

Ferguson, J. E. (1993) *Giving More Than a Damn: A Study of Household and Individual Charitable Contributions*. New York, NY: Garland.

Frank, R. H. (2005) Altruists with green beards: still kicking? *Analyse und Kritik* 27 (1): 85 – 96.

Gewirth, A. (1978) *Reason and Morality*. Chicago, IL: University of Chicago Press.

Gewirth, A. (1987) Private philanthropy and positive rights, in E. F. Paul et al. (eds) *Beneficence, Philanthropy and the Public Good*. Oxford: Basil Blackwell.

Gilligan, C. (1982) *In a Different Voice: Psychological Theory and Women's Development*. Cambridge, MA: Harvard University Press.

Godelier, M. (1999) *The Enigma of the Gift*. Cambridge: Polity.

Goodin, R. E. (1988) *Reasons for Welfare*. Princeton: Princeton University Press.

Gould, S. J. (1980) Sociobiology and the theory of natural selection, in M. Ruse (ed.) *The Philosophy of Biology*. London: Macmillan.

Hamilton, W. D. (1964) The genetic evolution of social behaviour I – II, *Journal of Theoretical Biology*, 7: 1 – 52.

Hampton, J. (1993) Selflessness and loss of self, *Social Philosophy and Policy*, 10 (1): 135 – 165.

Hansson, R. O. and Slade, K. M. (1977) Altruism toward a deviant in city and small town, *Journal of Applied Social Psychology*, 7 (3): 272 – 279.

Harris, D. (1987) *Justifying State Welfare*. Oxford: Basil Blackwell.

Harris, J. (2003). Gifting organs is no different from their sale, *The Guardian*, 5 December.

Herman, B. (1993) *The Practice of Moral Judgement*. Cambridge MA: Harvard University Press.

Hobbes, T. [(1651) 1996], R. Tuck (ed.) *Leviathan*. Cambridge: Cambridge University Press.

Holy Bible, New International Version, International Bible Society.

Hume, D. [(1739 – 1740) 1888] in L. A. Selby-Bigge (ed.) *A Treatise on Human Nature*. Oxford: Clarendon Press.

Hume, D. [(1777) 1975] *Inquiries Concerning Human Understanding and Concerning the Principles of Morals*. Oxford: Oxford University Press.

Huxley, T. H. (1898) Evolution and ethics, in *Evolution and Ethics and Other Essays*. New York, NY: D. Appleton.

IEA (Institute of Economic Affairs) (1968) *The Price of Blood*. London: TEA.

Ignatieff, M. (2001) *The Needs of Strangers*. London: Picador.

Jansen, V. A. A. and van Baalen, M. (2006) Altruism through beard chromodynamics, *Nature* (30 March), 440: 663 – 6.

Jollimore, T. (2006) Impartiality, The Stanford Encyclopedia of Philosophy. Avalable at: http://plato.stanford.edu/entries/impartiality/ (accessed 23 February 2007).

Jordan, B. (1989) *The Common Good*. Oxford: Basil

Blackwell.

Jordan, M. D. (1993) Theology and philosophy, in N. Kretzman and E. Stump (eds) *The Cambridge Companion to Aquinas*. Cambridge: Cambridge University Press.

Kant, I. [(1785) 1996] Groundwork to the metaphysics of morals, in M. J. Gregor (trans. And ed.) *Practicai Philosophy, Cambridge Edition of the Works of Immanuel Kant*. Cambridge: Cambridge University Press.

Kant I. [(1797) 1996] Metaphysics of morals, in M. J. Gregor (trans. And ed.) *Practicai Philosophy, Cambridge Edition of the Works of Immanuel Kant*. Cambridge: Cambridge University Press.

Karylowski, J. (1984) Focus of attention and altruism: endocentric and exocentric sources of altruistic behaviour, in E. Staub et al. (eds) *Development and Maintenance of Pro-Social Behaviour*. New York, NY: Plenum Press.

Katz, L. (2000) Towards good and evil: evolutionary approaches to aspects ofhuman morality, in L. Katz (ed.) *Evolutionary Origins of Morality*. Bowling Green, KY: Imprint Academic.

Kitcher, P. (1993) The evolution of human altruism, *Journal of Philosophy*, 90 (10): 497 – 516.

Kohlberg, L. (1981) *The Philosophy of Moral Development: Moral Stages and the Idea of Justice, Essays on Moral Development* Vol 1. San Francisco, CA: Harper & Row.

Kohn, A. (1990) *The Brighter Side of Human Nature: Altruism and Empathy in Everyday Life.* New York, NY: Basic Books.

Kolm, S. C. (2000a) Introduction: the economics of reciprocity, giving and altruism, in L. -A. Gerard-Varet et al. (eds) *The Economics of Reciprocity, Giving and Altruism.* Basingstoke: Macmillan.

Kolm, S. C. (2000b) The theory of reciprocity, in L. -A. GerardVaret, et ai. (eds) *The Economics of Reciprocity, Giving and Altruism.* Basingstoke: Macmillan.

Konarzewski, K. (1992) Empathy and protest: two roots of heroic altruism, in P. Oliner et al. (eds) *Embracing the Other: Philosophical, Psychological and Historical Perspectives on Altruism.* New York, NY: New York University Press.

Korsgaard, C. (1996) *Creating the Kingdom of Ends*. New York NY: Cambridge University Press.

Krebs, D. L. (1970) Altruism: an examination of the concept and a review of the literature, *Psychological Bulletin*, 73: 258 – 302.

Krehs, D. L. (1982) Psychological approaches to altruism, *Ethics*, 92 (3): 447 – 458.

Krebs, D. L. and van Hesteren, F. (1992) The development of altruistic personality, in P. Oliner et al. (eds) *Embracing the Other: Philosophical, Psychological and Historical Perspectives on Altruism*. New York, NY: New York University Press.

Krebs, D. L. and van Hesteren, F. (1994) The development of altruism: toward an integrative model, *Developmental Review*, 14: 1 – 56.

Kropotkin, P. [(1910) 1987] *Mutual Aid: A Factor in Evolution*, in J. Hewetson (ed.) London: Freedom Press.

Latane, B. and Darley, J. M. (1970) *The Unresponsive Bystander: Why Doesn't He Help?* New York, NY: Appleton-Century Crofts.

Lawler, J. (1999) The moral world of the Simpson family, in W. Irwin et al. (eds) *The Simpson and Philosophy: The D'oh of Homer*. Peru, IL: Carus Publishing Company.

Le Grand, J. (1997) Afterword, in R. Titmuss, *The Gift Relationship*. New York, NY: The New Press.

Lightman, E. S. (1981) Continuity in social behaviours: the case of voluntary blood donation, *Journal of Social Policy*, 10 (2): 53–79.

Lomasky, L. (1983), Gift relations, sexual relations and freedom, *Philosophical Quarterly*, 33 (132): 250–258.

Losco, J. (1986) Understanding altruism: a comparison of various models, *Political Psychology*, 7 (2): 323–348.

Lunati, M. T. (1997) *Ethical Issues in Economics: From Altruism to Co-operation to Equity*. Basingstoke: Palgrave.

Machan, T. (1997) Blocked exchanges revisited, *Journal of Applied Philosophy*, 14 (3): 249–262.

Malinowski, B. (1932) *Argonauts of the Western Pa-*

cific. London: Routledge & Kegan Paul.

Manshridge. J. (1990) Expanding the range of formal modelling, in J. Mansbridge (ed.) *Beyond Self-Interest*. *Chicago*, IL: University of Chicago Press.

Maris, C. W. (1981) *Critique of the Empiricist Explanation Morality*. Deventer: Kluwer.

Mauss, M. [(1950) 2002] M. Douglas (ed.) *The Gift*. London: Routledge.

Maynard Smith, J. (1988) *Games, Sex and Evolution*. London: Harvester Books.

Midlarsky, E. (1992) Helping in late life, in P. Oliner et al. (eds) *Embracing the Other: Philosophical, Psychological and Historical Perspectives on Altruism*. New York, NY: New York University Press.

Milgram, S. (1970) The experience of living in cities, *Science*, 167: 1461 – 1468.

Miller, D. (1989) *Market, State and Community*. Oxford: Oxford University Press.

Miller, D. (2004) 'Are they my poor?': the problem of altuism in a world of strangers, in J. Seglow (ed.) *The Ethics of Altruism*. London: Frank Cass.

Monroe, K. R. (1994) A fat lady in a corset: altruism and social theory, *American Journal of Political Science*, 38 (4): 861 – 893.

Monroe, K. R. (1996) *The Heart of Altruism: Perceptions of a Common Humanity*. Princeton, NJ: Princeton University Press.

Monroe, K. R. (2002) Explicating altruism, in S. G. Post (ed.) *Altruism and Altruistic Love*. Oxford: Oxford University Press.

Monroe, K. R. etal. (1990) Altruism and the theory of rational action: rescuers of Jews in Nazi Europe, *Ethics*, 101 (1): 103 – 122;

Nadler, A. and Fisher, J. D. (1984) Effects of donor-recipient relationships on recipients reactions to aid, in E. Staub el al. (eds) *Development and Maintenance of Pro-Social Behaviour*. New York, NY: Plenum Press.

Nagel, T. (1970) *The Possibility of Altruism*. Princeton, NJ: Princeton University Press.

Nagel, T. (1991) *Equality and Partiality*. Oxford: Oxford University Press.

Nietzsche, F. [(1881) 1982] *Daybreak*, trans. R.

1. Hollingdale. Cambridge: Cambridge University Press.

Nietzsche, F. [(1901) 1968] *The Will to Power*. trans. W. Kaufmann and R. 1. Hollingdale. New York, NY: Vintage Books.

Nietzsche, F. [(1910) 1992] *On the Genealogy of Morals in the Basic Writings of Nietzsche*, trans. W. Kaufmann. New York, NY: The Modern Library.

O'Connor, J. (1987) Philanthropy and selfishness, in E. F. Paul et al. (eds) *Beneficence, Philanthropy and the Public Good*. Oxford: Basil Blackwell.

O'Hear, A. (1997) *Beyond Evolution*. Oxford: Clarendon Press.

Oldenquist, A. (1990) The origins of morality: an essay in philosophical anthropology, *Social Philosophy and Policy*, 8 (1): 121 - 40.

Oliner, S. P. and Oliner, P. M. (1988) *The Altruistic Personality: Rescuers of Jews in Nazi Europe*. New York, NY: Free Press.

Page, R. M. (1996) *Altruism and the British Welfare State*. Aldershot: A vebury.

Parfit, D. (1983) *Reasons and Persons*. Oxford: OxfordUniversity Press.

Phelps, E. S. (1975) Introduction, in E. S. Phelps (ed.) *Altruism, Morality and Economic Theory*. New York, NY: Russell Sage Foundation.

Piliavin, J. A. etal. (1969) Good Samaritanism: an underground phenomenon? *Journal of Personality and Social Psychology*, 13: 289 – 299.

Piliavin, J. A. etal. (1981) *Emergency Intervention*. New York, NY: Academic Press.

Prochaska, F. K. (1988) *The Voluntary Impulse*. London: Faber & Faber.

Pufendorf, S. [(1673) 1991] *On the Duty of Man and Citizen According to Natural Law*, 1. Tully cd. and M. Silverthorne (trans.). Cambridge: Cambridge University Press.

Radcliffe-Richards, 1. (2000) *Human Nature after Darwin*. London: Routledge.

Ridley, M. (1997) *The Origins of Virtue*. Harmondsworth: Penguin Books.

Rosati, C. (1996) Internalism and the good for aperson, *Ethics*, 106: 297 – 326.

Rosen, S. (1984) Some paradoxical implications of helping and being helped, in E. Staub etal. (eds) *Development and Maintenance of Pro-Social Behaviour*. New York, NY: Plenum Press.

Rosenberg, A. (1998) Altruism: theoretical contexts, in D. Hull andM. Ruse (eds) *The Philosophy of Biology*. Oxford: Oxford University Press.

Rosenhan, D. (1970) The natural socialization ofaltruistic autonomy, in 1. Macaulay and L Berkowitz (eds). *Altruism And Helping Behaviour: Social Psychological Studies of Some Antecedents And Consequences*. New York, NY: Academic Press.

Ruse, M. (1973) *The Philosophy of Biology*. London: Hutchinson and Co.

Ruse, M. (1990) Evolutionary ethics and the search for predecessors: Kant, Hume and all the way back to Aristotle? *Social Philosophy and Policy*, 8 (1): 59–85.

Ruse, M. (1991) The significance of evolution, in P. Singer (ed.) *A Companion to Ethics*. Oxford: Blackwell.

Rushton, J. P. (1980) *Altruism, Socialization and*

Society. Englewood Cliffs, Nl: Prentice-Hall Inc.

Rushton, J. P. (1982) Altruism in society: a social learning perspective, *Ethics*, 92: 425 – 446.

Ryan, A. (1996) The philanthropic perspective after a hundred years, in 1. B. Schneewind (ed.) *Giving*. Bloomington, IN: Indiana University Press.

Sahlins, M. [(1972) 2004] *Stone Age Economics*. London: Routledge.

Salter, F. S. (ed.) (2004) *Welfare, Ethnicity and Altruism: New Findings and Evolutionary Theory*. London: Frank Cass.

Scheler, M. (1954) *Werke, Historisches Wortebuch der Philosophie*. Basel: Schwabe & Co.

Schneewind, J. B. (1996) Philosophical ideas of charity: some historical reflections, inl. B. Schneewind (ed.) *Giving*. Bloomington, IN: Indiana University Press.

Schokkaert, E. and van Ootegem, L. (2000) Preference variation and private donations, in L. -A. Gerard-Varet et al. (eds) *The Economics of Reciprocity, Giving and Altruism*. Basingstoke: Macmillan.

Schroeder, W. (2000) Continental ethics, in H.

LaFollette (ed.) *The Blackwell Guide to Ethical Theory*. Oxford: Blackwell.

Scott, N. (2004) Is altruism a moral duty? *Imprints: A Journal of Analytical Socialism*, 7 (3).

Scott, N. (2006) Conditions, preferences and race in organ donation, *Journal of International Biotechnology Law*. 3 (2): 57 – 62.

Seglow, J. (2004) Altruism and freedom, in J. Seglow (ed.) *The Ethics of Altruism*. London: Frank Cass.

Sen, A. (1977) Rational fools: a critique of the behavioural foundations of economic theory, *Philosophy and Public Affairs*, 6 (4): 317 – 344.

Shaftesbury, Earl of [(1711) 1977] *Inquiry Concerning Virtue and Merit*, D. Walford (ed.). Manchester: Manchester University Press.

Singer, P. (1972) Famine, affluence and morality, *Philosophy and Public Affairs*, 1 (1): 229 – 243.

Singer, P. (1973) Altruism and commerce: a defense of Titmuss against Arrow, *Philosophy and Public Affairs*, 2 (3): 312 – 320.

Singer, P. (1977) Freedoms and utilities in the distribution of health care, in G. Dworkin et al. (eds) *Markets and Morals*. Washington, DC: Hemisphere Publishing Corporation.

Smith, A. [(1776) 1976] *An Enquiry into the Nature and Causes of the Wealth of Nations*, R. H. Campbell and A. S. Skinner (eds). Oxford: Clarendon Press.

Smith, A. [(1790) 2002] *The Theory of Moral Sentiments*, Knud Haakonssen (ed.) Cambridge: Cambridge University Press.

Sober, E. (1998) What is evolutionary altruism? in D. Hull and M. Ruse (eds) *The Philosophy of Biology*. Oxford: Oxford University Press.

Sober, E. and Wilson, D. S. (1998) *Unto Others: The Evolution and Psychology of Unselfish Behaviour*. Cambridge, MA: Harvard University Press.

Sober, E. and Wilson, D. S. (2000) Summary of unto others, in L. Katz (ed.), *Evolutionary Origins of Morality: Cross Disciplinary Perspectives*. Bowling Green: Imprint Academic.

Spencer, H. (1872) *The Principles of Psychology*. London: Williams and Norgate.

Spencer, H. (1879) *The Data of Ethics.* London: Williams and Norgate.

Spencer, H. (1892) *Principles of Ethics.* London: Williams and Norgate.

Stark, O. (1995) *Altruism and Beyond.* Cambridge: Cambridge University Press.

Staub, E. (1978) *Positive Social Behaviour and Morality*, Vol. I. Social and Personal Influences. New York, NY: Academic Press.

Thompson, J. L. (1982) Human nature and social explanation, in S. Rose (ed.) *Against Biological Determinism.* New York, NY: Alison and Busby.

Titmuss, R. (1950) *Problems of Social Policy.* London: HMSO and Longman.

Titmuss, R. (1968) *Commitment to Welfare.* London: George Allen & Unwin.

Titmuss, R. [(1970) 1997] *The Gift Relationship*, in A. Oakley and J. Ashton (eds). New York, NY: The New Press.

Trivers, R. L. (1971) The evolution of reciprocal altruism, *Quarterly Review of Biology*, 46: 35–57.

van den Berghe, P. (1981) *The Ethnic Phenomenon*. New York, NY: Elsevier.

Walzer, M. (1992) What does it mean to be an American? *Social Research*, 57.

Ware, A. (1990) Meeting needs through voluntary action: does market society corrode altruism? in A. Ware and R. E. Goodin (eds) *Needs and Welfare*. London: Sage.

Williams, B. (1972) *Morality: An Introduction to Ethics*. Harmondsworth: Penguin.

Wilson, E. O. (1975) *Sociobiology: The New Synthesis*. Cambridge, MA: Harvard University Press.

Wolf, S. (1982) Moral saints, *Journal of Philosophy*, 49 (8): 419 – 439.

Wolff, C. (1720) *Vernunftige Gedanken von del' Menschen Thun und Lassen zur Beforderung ihrer Glückseligkeit* [Rational Thoughts on Man's Acts of Commission and Omission, with a View to Advancing His Happiness]. Munich: Halle.

Worchel, S. (1984) The darker side of helping: the social dynamics of helping and co-operation, in E. Staub et al. (eds) *Development and Maintenance of Pro-Social*

Behaviour. New York, NY: Plenum Press.

Wynne-Edwards, V. C. (1962) *Animal Dispersion in Relation to Social Behaviour.* Edinburgh: Oliver and Boyd.